高职高专项目导向系列教材

化纤生产技术

赵若冬　主编

化学工业出版社

·北京·

本教材主要分为四个学习项目。项目一重点阐述了化纤基础理论知识和主要性能指标；项目二至四选择了三个典型化纤产品生产项目，每个项目包含了4～6个任务，从合成纤维高聚物聚合开始，到前纺和后纺，每个任务再以任务介绍、相关知识、任务实施、任务评价、知识拓展为模块，阐述了化纤产品生产流程与设备、生产工艺及影响因素，生产工艺卡片、生产实施操作步骤等。

本教材体现了以任务驱动、项目导向的"教、学、做"一体化的教学改革模式，实现了课程内容与国家职业标准相衔接。

本教材可作为高职高专高分子材料应用技术专业和化纤应用技术专业以及相关专业教材，也可供从事化学纤维生产的技术人员、制造人员、分析测试人员和科研人员参考。

图书在版编目（CIP）数据

化纤生产技术/赵若冬主编 . —北京：化学工业出版社，2014.7（2025.8重印）
高职高专项目导向系列教材
ISBN 978-7-122-20585-8

Ⅰ.①化… Ⅱ.①赵… Ⅲ.①化学纤维工业-生产技术-高等职业教育-教材 Ⅳ.①TQ34

中国版本图书馆 CIP 数据核字（2014）第 089735 号

责任编辑：窦　臻　　　　　　　　　　文字编辑：冯国庆
责任校对：徐贞珍　　　　　　　　　　装帧设计：刘丽华

出版发行：化学工业出版社（北京市东城区青年湖南街 13 号　邮政编码 100011）
印　　装：北京科印技术咨询服务有限公司数码印刷分部
787mm×1092mm　1/16　印张 7　字数 165 千字　2025 年 8 月北京第 1 版第 4 次印刷

购书咨询：010-64518888　　　　　　售后服务：010-64518899
网　　址：http://www.cip.com.cn
凡购买本书，如有缺损质量问题，本社销售中心负责调换。

定　　价：20.00 元

前 言

本书的编写主要是为了适应高职以任务驱动、项目导向的"教、学、做"一体化的教学改革趋势，整合"成纤高聚物的生产工艺"、"纺丝工艺"、"纤维后加工工艺"等课程相关的学习内容，重新构成"化纤生产技术"课程。以典型产品生产（如涤纶、腈纶、氨纶等）为导向，根据聚合工、纺丝操作工岗位（群）职业能力的要求，整个学习过程知识和能力训练安排体现渐进性，实现任务由模拟到真实的岗位推进过程；突出教学在校内教学工厂与校外实习基地真实工厂交替进行，过程考核与职业技能鉴定标准相融通的模式。本教材以教学任务的形式编写，每一个任务是一个独立的模块，实际教学中可以灵活安排。

本书按照任务介绍、相关知识、任务实施、任务评价、知识拓展等项目化课程体例格式编写，表现形式多样化，做到了图文并茂、直观易读。

本书由辽宁石化职业技术学院赵若冬编写，全书由赵若冬统稿。

本书在编写过程中，得到辽宁石化职业技术学院高分子材料专业教研室张立新、杨连成、马超、付丽丽及石红锦的大力支持，在此表示感谢！杭州职业技术学院俞铁铭、新余学院医学与生命科学学院黎小军、泰山医学院药学院夏成才等老师参与了该教材的部分编写，也感谢他们的工作。

由于编者水平有限，书中难免存在不足之处，敬请大家批评指正。

编者
2013 年 12 月

目录

化纤生产技术基础知识

化学纤维行业在我国国民经济中处于非常重要的地位。它在整个产业链中处于中游的位置，在上游与石油化工、石油开采行业相联系，在下游则为纺织品、医疗卫生用品、橡胶制品等行业提供必需的原材料，尤其是纺织行业与化学纤维行业的关系十分密切。化纤行业的发展将对国民经济产生巨大的拉动作用，一方面能够带动对石油开采及化工产品的需求；另一方面通过有效的竞争，改进技术，提高生产效率，从而降低下游行业的生产成本，推动相关行业的产业升级。化纤行业下游产业及替代品如图1-1 所示。

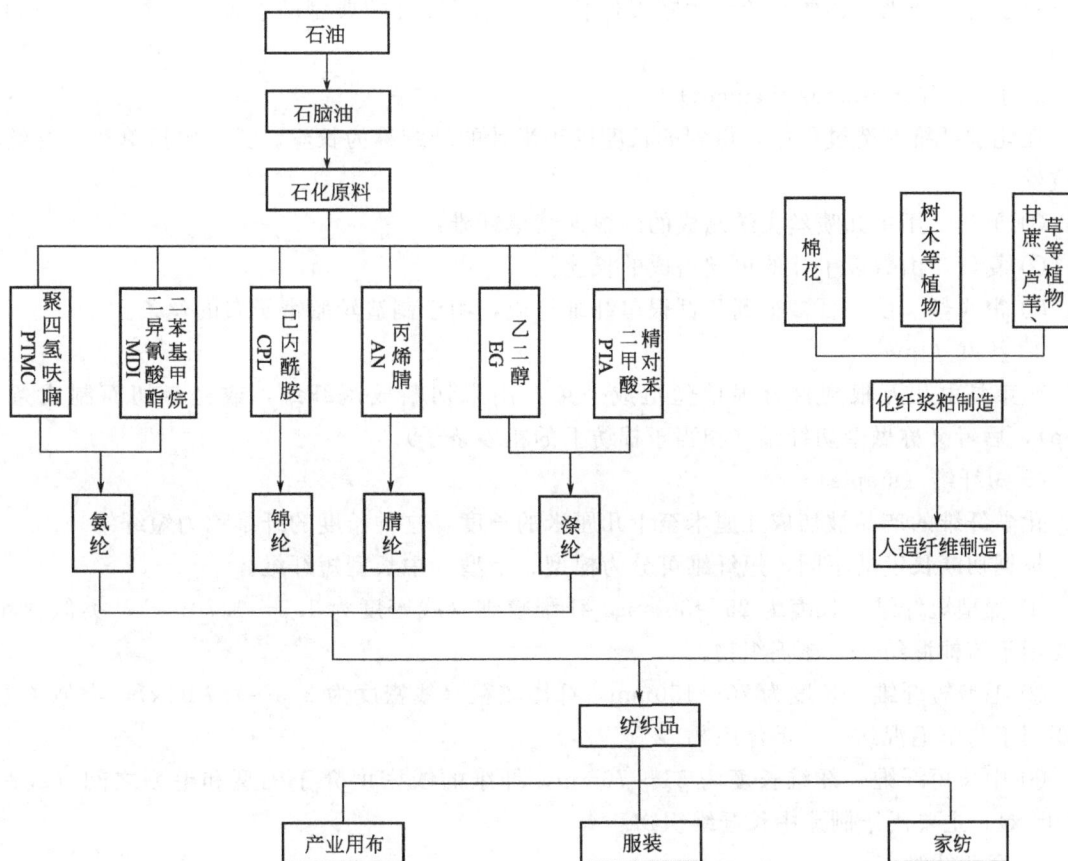

图 1-1　化纤行业下游产业及替代品

从工业生产总值上来看，化纤行业在我国国民经济中也同样占据着重要的地位，目前维持在 3500 亿元左右。2006～2010 年化纤行业工业总产值占 GDP 比重统计见表 1-1。

表 1-1 2006～2010 年化纤行业工业总产值占 GDP 比重统计

年份	工业总产值/亿元	增长率/%	GDP/亿元	同比增长率/%	工业总产值占GDP 比重/%
2006 年	3148.97	21.24	211924	11.6	1.49
2007 年	3712.66	27.72	257306	13	1.44
2008 年	3711.27	4.24	314045	9.6	1.18
2009 年	3555.54	−0.27	335353	8.7	1.06
2010 年	3090.00	12.50	397983	10.03	0.78

注：数据来源于国家统计局。

任务一 化学纤维的常用基本概念与名称代号

一、化学纤维的常用基本概念

1. 纤维 (fibre)

纤维是一种比较柔韧的细而长的物质，长径比一般大于 1000∶1。典型的纺织纤维的直径为几微米至几十微米，长度超过 25mm，线密度的数量级为 10^{-5} g/mm。

对于纺织纤维，还要有较大的断裂伸长率，纺织纤维的典型断裂伸长率在 10%～50% 范围内。

2. 长丝 (continuous filament)

在化学纤维制造过程中，得到的长度以千米计的纤维称为长丝。长丝包括单丝、复丝和帘线丝。

① 单丝 用单孔喷丝头纺制成的一根连续单纤维。

② 复丝 由数以十计的单丝组成的长丝。

③ 帘线丝 由一百多根到几百根单纤维组成，用于制造轮胎帘子布的丝条。

3. 丝束 (tow)

丝束是由几万根到百万根单丝汇成一束，用来切断成短纤维，或经牵切而制成条子 (top)，后者又称做牵切纤维（相当于棉纺上的粗纱条子）。

4. 短纤维 (staple)

化学纤维的产品被切成几厘米至十几厘米的长度，这种长度的纤维称为短纤维。

根据切断长度的不同，短纤维可分为棉型、毛型、中长型短纤维。

① 棉型短纤维 长度为 25～38mm，纤维较细（线密度为 1.3～1.7dtex），类似棉花，主要用于与棉混纺——涤棉织物。

② 毛型短纤维 长度为 70～150mm，纤维较粗（线密度为 3.3～7.7dtex），类似羊毛，主要用于与羊毛混纺——毛涤织物。

③ 中长短纤维 纤维长度为 51～76mm，纤维的线密度介于棉型和毛型之间（2.2～3.3dtex），主要用于制造中长纤维织物。

5. 牵切纤维 (stretch-broken tow)

化学纤维丝束经拉伸纵向断裂而成的长度不相等的短纤维，也称不等长短纤维。

6. 异形截面纤维 (shaped fibres)

在合成纤维成型过程中，采用异形喷丝孔（非圆形孔眼）纺制的具有非圆形横截面的纤维或中空纤维，这种纤维称为异形截面纤维，简称异形纤维。

异形纤维具有特殊的光泽，并且具有蓬松性、耐污性和抗起球性，纤维回弹性与覆盖性也可得到改善。如三角形横截面的涤纶具有闪光性；五叶形横截面涤纶有类似真丝的光泽，抗起球，手感和覆盖性好；某些中空纤维还具有特殊用途，如制作反渗透膜，用于人工肾脏、海水淡化、污水处理、硬水软化等。

7. 复合纤维（composite fiber）

复合纤维是将两种或两种以上成纤高聚物的熔体或浓溶液，利用组分、配比、黏度或品种的不同，分别输入同一个纺丝组件，在组件中的适当部位汇合，在同一纺丝孔中喷出而成为一根纤维，称为复合纤维。

复合纤维的品种很多，有并列型、皮芯型、散布型（海岛型）等。

8. 变形纱（textured yarn）

变形纱包括所有经过变形加工的丝和纱，如弹力丝和膨体纱都属于变形纱。

弹力丝即变形长丝，有高弹丝和低弹丝之分。弹力丝的伸缩性和蓬松性好，其织物在厚度、重量、不透明性、覆盖性和外观特征等方面接近毛织品、丝织品或棉织品。

膨体纱是利用高聚物的热可塑性，将两种收缩性能不同的合成纤维毛条按比例混合，经热处理后，高收缩性的毛条迫使低收缩性的毛条卷曲，从而使其具有伸缩性和蓬松性。

类似毛线的变形纱和膨体纱以腈纶为主。

9. 超细纤维（superfine fiber）

由于单纤维的粗细对于织物的性能影响很大，所以化学纤维也可按照单纤维的粗细（线密度）分类，一般分为常规纤维、细旦纤维、超细旦纤维和极细纤维。

① 常规纤维 线密度为 1.4～7dtex。

② 细旦纤维 线密度为 0.55～1.3dtex，主要用于仿真丝类的轻薄型和中厚型织物。

③ 超细纤维 线密度为 0.11～0.55dtex，主要用于高密度防水透气织物和人造皮革、仿桃皮绒织物等。

④ 极细纤维 线密度在 0.11dtex 以下，可通过海岛纺丝法生产，主要用于人造皮革和医学滤材等特殊领域。

10. 差别化纤维（differential fiber）

一般泛指通过化学改性或物理变形使常规化纤品种有所创新或赋予某些特性的服用化学纤维。

在聚合及纺丝工序中改性的有：共聚、超有光、超高收缩、异染、易染、速染、抗静电、抗起毛起球、防霉、防菌、防污、防臭、吸湿、吸汗、防水、荧光变色等纤维。

在纺丝、拉伸和变形工序中形成的有：共混、复合、中空、异形、异缩、异材、异色、细旦、超细、特粗、三维卷曲、网络、混纤、混络、皮芯、并列以及竹节、混色、包覆等等都属于差别化纤维的范畴。

差别化纤维主要用于服装及服饰织物，可提高经济效益、优化工序、节约能源、减少污染、增加纺织新产品。

11. 特种纤维（special fiber）

特种纤维一般指具有特殊的物理化学结构、性能和用途的化学纤维，如高性能纤维、功能纤维等。

特种纤维主要用于产业及尖端技术领域等。

二、化纤主要品种名称与代号

化纤主要品种一般都有俗称和代号，其成纤高聚物通常也有简称，化纤主要品种名称与代号见表1-2。

表1-2 化纤主要品种名称与代号

代号	聚合物	简称	纤维名称
PET	聚对苯二甲酸乙二醇酯	聚酯	涤纶
PA	聚酰胺	尼龙	锦纶
PAN	聚丙烯腈		腈纶
PVA	聚乙烯醇		维纶
PP	聚丙烯		丙纶
PU	聚氨基甲酸酯	聚氨酯	氨纶
CF			碳纤维
R	纤维素黄酸钠	人造丝	黏胶纤维
CA	醋酸纤维素酯		醋酸纤维

三、化纤产品名称与代号

化纤中间产品及最终产品根据纺丝工艺不同而不同，其名称与代号具体见表1-3。

表1-3 化纤产品名称与代号

代号	名　　称
F	长丝
M	单丝
LOY	低速纺丝
POY	预取向高速纺丝
FDY	全拉伸丝（纺拉一步法纺丝）
DT	拉伸加捻丝
DTY	拉伸变形丝
S	短丝
UDY	未拉伸丝
MOY	中速纺丝
FOY	全取向丝
DY	拉伸丝
TY	变形丝
ATY	空气变形丝

任务二 化学纤维的主要质量指标

化学纤维的质量是指对纤维制品的使用价值有决定意义的指标。物理性能指标，包括纤维的长度、细度、密度、光泽、吸湿性、热性能、电性能等；力学性能指标，包括断裂强度、断裂伸长率、初始模量、回弹性、耐多次变形性等；稳定性能指标，包括对高温和低温的稳定性、对光和大气的稳定性、对化学试剂的稳定性及对微生物作用的稳定性等；加工性能指标，包括纤维的抱合性，起静电性和染色性等；短纤维的附加品质指标，包括纤维长度、卷曲度、纤维疵点等。

一、细度

细度是纤维粗细的程度，分直接指标和间接指标两种。直接指标一般用纤维的直径和截面积表示，由于纤维截面积不规则，且不易测量，通常用直接指标表示其粗细的时候并不多，故常采用间接指标表示。间接指标是以纤维质量或长度确定，即定长或定重时纤维所具有的质量（定长制）或长度（定重制），在化学纤维工业中通常以单位长度的纤维质量，即线密度（linear density）（纤度）表示，常用的有以下三种表示方法。

1. 特（tex）或分特（dtex）

特或分特是国际单位制。1000m 长的纤维的质量（g）称为特；其 1/10 为分特。由于纤维细度较细，用特数表示细度时数值较小，故通常以分特表示纤维的细度。

对同一种纤维来讲（即纤维的密度一定时），特数越小，单纤维越细，手感越柔软，光泽柔和且易变形加工。

2. 旦（denier）

9000m 长的纤维的质量（g）称为旦，对同一种纤维来讲，旦数越小，单纤维越细。旦为线密度的非法定计量单位。1den＝9tex。

3. 公制支数（Nm）

公制支数简称公支，指单位质量（g）的纤维所具有的长度（m）。对同一种纤维而言，支数越高，表示纤维越细。公制支数为线密度的非法定计量单位。

特或分特、旦数和支数的数值可相互换算，关系如下。

$$旦数 \times 支数 ＝ 9000$$
$$特数 \times 支数 ＝ 1000$$
$$旦数 ＝ 9 \times 特数$$
$$分特数 ＝ 10 \times 特数$$

各种纤维的线密度指标见表 1-4。

表 1-4　各种纤维的线密度

纤维种类	线密度/tex	公支数/(m/g)
棉纤维	0.13～0.22	4550～7700
亚麻单纤维	0.17～0.33	3030～5880
亚麻工艺纤维	5～8	125～200
大麻单纤维	0.22～0.44	2270～4550
绒毛和发毛	0.5～2	500～2000
黏胶纤维	0.2～0.7	1430～5000
三醋酯纤维	0.3～0.7	1430～3330
涤纶	0.2～0.7	1430～5000
腈纶	0.3～0.7	1430～3330
尼龙 6	0.3～1	1000～3330

二、密度

纤维的密度（densities）是指单位体积纤维的质量，单位为 g/cm³。各种纤维的密度是不同的，在主要化学纤维品种中，丙纶的密度最小，黏胶纤维的密度最大，主要纺织纤维的密度见表1-5。

表 1-5　主要纺织纤维的密度

纤　维	密度/(g/cm³)
黏胶纤维	1.50～1.52
涤纶	1.38
锦纶	1.14
腈纶	1.14～1.17
维纶	1.26～1.30
丙纶	0.91
氨纶	1.54
棉	1.32
羊毛	1.32
蚕丝	1.33～1.45
麻	1.5

三、吸湿性

纤维的吸湿性是指在标准温度（20℃，65％相对湿度）条件下纤维的吸水率，一般采用两种指标来表示。

回潮率：纤维中所含水分重量对纤维干重的比例。

$$回潮率 = \frac{试样所含水分的重量}{干燥试样的重量} \times 100\%$$

含湿率：纤维中所含水分重量对纤维湿重的比例。

$$含湿率 = \frac{试样所含水分的重量}{未干燥试样的重量} \times 100\%$$

各种纤维的吸湿性有很大差异，同一种纤维的吸湿性也因环境温、湿度的不同而有很大的变化。为了计重和核价的需要，必须对各种纺织材料的回潮率作出统一规定，称公定回潮率，各种纤维在标准状态下的回潮率和我国所规定的公定回潮率见表1-6。

表 1-6　各种纤维在标准状态下的回潮率和我国所规定的公定回潮率

纤维	回潮率/%	公定回潮率/%
蚕丝	9	11.0
棉	7	8.5
羊毛	16	16.0
亚麻	7～10	12.0
苎麻	7～10	12.0
黏胶纤维	12～14	13.0
醋酯纤维	6～7	7.0
维纶	3.5～5.0	5.0
锦纶	3.5～5.0	1.5
腈纶	1.2～2.0	2.0
涤纶	0.4～0.5	0.1
氯纶	0	0
丙纶	0	0
乙纶	0	0

由表 1-6 可见，天然纤维和再生纤维的回潮率较高，合成纤维的回潮率较低，其中丙纶、氯纶和乙纶的回潮率为零。

吸湿性影响纤维的加工性能和使用性能。吸湿性好的纤维摩擦和静电作用减小，穿着舒适；对于吸湿性差的合成纤维可以利用改性的方法来提高其吸湿性。

四、拉伸性能

纤维材料在使用中会受到拉伸、弯曲、压缩、摩擦和扭转作用，产生不同的变形。化学纤维在使用过程中主要受到的外力是张力，纤维的弯曲性能也与其拉伸性能有关，因此拉伸性能是纤维最重要的力学性能。衡量纤维的拉伸性能主要有以下三个指标：断裂强度、断裂伸长率、初始模量。

1. 断裂强度

常用相对强度表示化学纤维的断裂强度。即纤维在连续增加负荷的作用下，直至断裂所能承受的最大负荷与纤维的线密度之比。单位为牛/特（N/tex）、厘牛/特（cN/tex）。

断裂强度是反映纤维质量的一项重要指标，断裂强度高，纤维在加工过程中不易断头、绕辊，纱线和织物的牢度高，但断裂强度太大，纤维刚性增加，手感变硬。

纤维在干燥状态下测定的强度称干强度；在润湿状态下测定的强度称湿强度。回潮率较高的纤维的湿强度比干强度低。大多数合成纤维的回潮率很低，湿强度接近或等于干强度。

2. 断裂伸长率

纤维的断裂伸长率一般用断裂时的相对伸长率，即纤维在伸长至断裂时的长度比原来长度增加的比例表示。

$$Y = \frac{L - L_0}{L_0} \times 100\%$$

式中　L_0——纤维原长；

　　　L——纤维伸长至断裂时的强度。

断裂伸长率是一种反映纤维韧性的指标。对于衣着用长丝，伸长率越大，手感越柔软，后加工中毛丝、断头越少；但过大时，织物易变形。对于工业用长丝，伸长率越小，其最终产品越不易变形。

3. 初始模量

纤维初始模量即弹性模量，是指纤维受拉伸而当伸长为原长的 1% 时所需的应力。

初始模量表征纤维对小形变的抵抗能力。在衣着上则反映纤维对小的拉伸作用或弯曲作用所表现的硬挺度。纤维的初始模量越大，越不易变形。在合成纤维的主要品种中，涤纶的初始模量最大，其次为腈纶，锦纶则较小。因此涤纶织物挺括，不易起皱；锦纶易皱，保形性差。

五、回弹性

材料在外力作用下（拉伸或压缩）产生的形变，在外力除去后，恢复原来状态的能力称为回弹性（elastic recovery）。纤维在负荷作用下，所发生的形变包括三部分：普弹形变、高弹形变和塑性形变。这三种形变，不是逐个依次出现，而是同时发展的，只是各自的速度不同。因此，当外力撤除后，可回复的普弹形变和松弛时间较短的那一部分高弹形变（急回弹形变）将很快回缩，并留下一部分形变，即剩余形变，其中包括松弛时间长的高弹形变（缓回弹形变）和不可回复的塑性形变。剩余形变值越小，纤维的回弹性越好。

回弹率可表示如下。

$$回弹率 = \frac{\varepsilon_e}{\varepsilon_t} \times 100\% = \frac{\varepsilon_t - \varepsilon_r}{\varepsilon_t} \times 100\%$$

式中　ε_e——可回复的弹性伸长；

　　　ε_r——不能回复的塑性伸长或剩余伸长；

　　　ε_t——总伸长。

六、条干不匀率

条干不匀率是一种表示长丝条干均匀度的指标，用 CV 值（变异系数）或 U（Uster%）表示。这项指标对预取向丝和拉伸丝尤为重要。长丝条干不匀，在加工过程中容易产生毛丝和染色不匀。

七、卷曲度（卷曲度主要针对短纤维）

将纤维进行化学、物理或机械卷曲变形加工，而赋予纤维一定的卷曲。

卷曲的目的：改善纤维的抱合性，同时增加纤维的蓬松性和弹性，使其织物具有良好的外观和保暖性。

表征短纤维的卷曲度指标如下。

1. 卷曲数

$$卷曲数（个/cm）= \frac{弯折点个数 \times \frac{1}{2}}{L_0}$$

式中　L_0——预加张力为 1.26×10^{-3} dN/tex 时纤维的长度。

2. 卷曲率

$$卷曲率 = \frac{L_1 - L_0}{L_0} \times 100\%$$

式中　L_1——加负荷 8.8×10^{-2} dN/tex 并保持 1min 后测得的纤维长度。

3. 卷曲回复率

$$卷曲回复率 = \frac{L_1 - L_2}{L_1} \times 100\%$$

式中　L_2——除去负荷使纤维松弛 2min 后再加预张力测得的纤维长度。

4. 卷曲弹性回复率

$$卷曲弹性回复率 = \frac{L_1 - L_2}{L_1 - L_0} \times 100\%$$

八、沸水收缩率

将纤维放在沸水中煮沸 30min 后，其收缩后的长度与原来长度之比，称沸水收缩率。

$$沸水收缩率 = \frac{L_0 - L_1}{L_0} \times 100\%$$

式中　L_0——纤维原长；

　　　L_1——煮沸 30min 后的纤维长度。

沸水收缩率是反映纤维热定型程度和尺寸稳定性的指标。沸水收缩率越小，纤维的结构稳定性越好，纤维在加工和服用过程中遇到湿热处理（如染色、洗涤等）时，尺寸越稳定，不易变形；同时物理力学性能和染色性能也好。纤维的沸水收缩率主要由纤维的热定型工艺条件来控制。

九、燃烧性能

纤维的燃烧性能是指纤维在空气中燃烧的难易程度。国际规定采用"极限氧指数"法，简称 LOI 法。所谓极限氧指数就是使着了火的纤维离开火源，而纤维仍能继续燃烧时环境中氮和氧混合气体中所含氧的最低百分率。

LOI 与纤维分类如下。

① 可燃性或易燃性纤维　LOI＜21％的纤维。

② 难燃性或阻燃性纤维　LOI＞21％的纤维。

③ 阻燃纤维　LOI＞26％的纤维。

部分纤维的极限氧指数见表 1-7。

表 1-7　部分纤维的极限氧指数

纤维	腈纶	醋酯	锦纶	涤纶	丙纶	维纶
LOI/％	18.2	18.6	20.1	20.6	18.6	19.7
纤维	黏胶	棉	羊毛	芳纶	氯纶	偏氯纶
LOI/％	19.7	20.1	25.2	28.2	37.1	45～48

由表 1-7 可见，几种主要化学纤维的 LOI 都小于 21％，属可燃或易燃纤维。

对化学纤维的阻燃处理，国内外进行过大量的研究，主要采用共聚、共混、表面处理等方法，在纤维或织物中引入有机磷化合物、有机卤素化合物或两者并用。

十、纤维的耐磨性

纤维及其制品在加工和实际使用过程中，由于不断经受摩擦而引起磨损。而纤维的耐磨性就是指纤维耐受外力磨损的性能。

纤维的耐磨性与其纺织制品的坚牢度密切相关。耐磨性的优劣是衣着用织物服用性能的一项重要指标。纤维的耐磨性与纤维的大分子结构、超分子结构、断裂伸长率、弹性等因素有关。

常见纤维耐磨性高低的顺序为：锦纶＞丙纶＞维纶＞乙纶＞涤纶＞腈纶＞氯纶＞毛＞丝＞棉＞麻＞富强纤维＞铜氨纤维＞黏胶纤维＞醋酯纤维＞玻璃纤维。

十一、耐光性和对大气作用的稳定性

对日光和大气作用的稳定性是纤维的稳定性指标之一，也称耐候性，是纤维抵抗气候条件引起的性能变化能力的量度。

耐光性是指纤维受光照后其力学性能保持不变的性能。对大气作用的稳定性是指纤维受光照射、空气中的氧气、热和水分的长时间作用后，不发生降解或光氧化，不产生色泽变化的性能。

化学纤维耐光性与纤维分子链节的组成、主链键和交联键的形成有关；与分子基团的振动能量和转换有关；与纤维的聚集态结构有关；与光辐射强度、照射时间和波长有关。

气候条件引起纤维性能的变化，主要是由于日光和空气中的氧引起的，因此提高纤维的耐光性和对大气作用的稳定性是提高其光稳定性和氧稳定性。常用纤维日晒后强度损失见表 1-8。

表 1-8　常用纤维日晒后强度损失

纤维名称	日晒时间/h	强度损失/%
黏胶纤维	900	50
腈纶	800	10～25
锦纶	200	36
涤纶	600	60

项目二

涤 纶 生 产

涤纶是聚酯纤维的商品名称，是聚酯熔体或者切片经过机械加工而成的纤维。聚酯为聚对苯二甲酸乙二醇酯的简称，英文缩写为 PET，是涤纶的成纤高聚物。涤纶是世界产量最大、应用最广泛的合成纤维品种，目前占世界合成纤维产量的 60% 以上。我国涤纶所占份额更大，约占 90%，2011 年合纤产量为 3096 万吨，其中涤纶产量为 2777 万吨。涤纶的特点是强度高、弹性好、耐热、耐磨、耐光、耐腐蚀、虽然染色性差，但色牢度高，并且具有极优良的定形性能，涤纶纱线或织物经过定型后产生的平挺、蓬松形态或褶裥等，在使用中经多次洗涤，仍能经久不变。因此涤纶大量用于衣着面料、床上用品、各种装饰布料、国防军工特殊织物等纺织品以及其他工业用纤维制品，如过滤材料、绝缘材料、轮胎帘子线、传送带等。部分企业涤纶产品的生产能力见表 2-1。

表 2-1　部分企业涤纶产品的生产能力

生产企业	生产能力/(万吨/年)
恒逸石化股份有限公司	107
荣盛石化股份有限公司	57
中国石化仪征化纤股份有限公司	75
福建省金纶高纤股份有限公司	45
中国石化上海石油化工股份有限公司	20

任务一　认识 PET 生产装置和工艺过程

【任务介绍】

某聚酯厂聚酯装置生产能力为 7.6 万吨/年聚酯熔体（供长、短丝装置）和 12.4 万吨/年聚酯切片。本装置采用德国吉玛公司直接酯化（两釜）、连续聚合（三釜）的聚酯生产技术。由精对苯二甲酸（PTA）和乙二醇（EG）经直接酯化及缩聚反应，在预聚釜、缩聚釜内在催化剂作用下，聚合反应生成聚对苯二甲酸乙二醇酯（PET），同时酯化与缩聚过程中蒸发的 EG，经蒸馏塔回收利用，产品熔体可直接纺丝，切片供应下游。目前企业招收一批新员工，经过企业三级安全教育之后的新员工即将参加生产工艺培训，培训合格后将成为 PET 生产装置的操作工人，首要任务是了解装置的生产方法和原理，熟悉和掌握生产工艺流程的组织。

【相关知识】

一、PET 生产方法

PET 根据其单体对苯二甲酸乙二醇酯（BHET）生产方法的不同而不同，BHET 的生产方法目前主要有三种，即酯交换法、直接酯化法和环氧乙烷法，形成聚酯生产的三大工艺线路。

1. 酯交换法（DMT 法）

采用对苯二甲酸二甲酯（DMT）与乙二醇（EG）进行酯交换反应，然后缩聚成为 PET。早期生成的单体 PTA 纯度不高，又不易提纯，不能由直缩法制得质量合格的 PET，因而将纯度不高的 TPA 先与甲醇反应生成对苯二甲酸二甲酯（DMT），后者易于提纯。再由高纯度的 DMT（≥99.9%）与 EG 进行酯交换反应生成 BHET，随后缩聚成 PET，其反应如下。

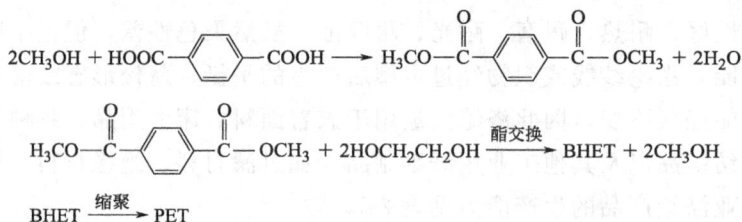

$$2CH_3OH + HOOC-\!\!\!\bigcirc\!\!\!-COOH \longrightarrow H_3CO-\overset{O}{\underset{}{C}}-\!\!\!\bigcirc\!\!\!-\overset{O}{\underset{}{C}}-OCH_3 + 2H_2O$$

$$H_3CO-\overset{O}{\underset{}{C}}-\!\!\!\bigcirc\!\!\!-\overset{O}{\underset{}{C}}-OCH_3 + 2HOCH_2CH_2OH \xrightarrow{酯交换} BHET + 2CH_3OH$$

$$BHET \xrightarrow{缩聚} PET$$

2. 直接酯化法（PTA 法）

采用高纯度的对苯二甲酸（PTA）或中纯度对苯二甲酸（MTA）与乙二醇（EG）直接酯化，缩聚成聚酯。这种直接酯化法是自 1965 年阿莫科公司对粗对苯二甲酸精制获得成功后发展起来，此后发展迅速，PET 生产也随之得到了很快的发展。

采用 PTA 为原料，PET 聚酯聚合物的生产主要有以下两步反应：第一步是 PTA 与 EG 进行酯化反应，生成对苯二甲酸乙二酯（或称对苯二甲酸双羟乙酯，简称 BHET）；第二步是 BHET 在催化剂的作用下发生缩聚反应生成 PET。其反应如下。

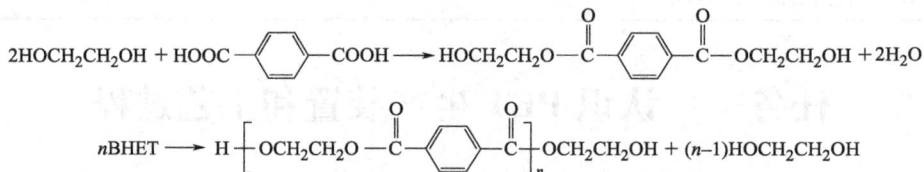

$$2HOCH_2CH_2OH + HOOC-\!\!\!\bigcirc\!\!\!-COOH \longrightarrow HOCH_2CH_2O-\overset{O}{\underset{}{C}}-\!\!\!\bigcirc\!\!\!-\overset{O}{\underset{}{C}}-OCH_2CH_2OH + 2H_2O$$

$$n BHET \longrightarrow H\!\left[OCH_2CH_2O-\overset{O}{\underset{}{C}}-\!\!\!\bigcirc\!\!\!-\overset{O}{\underset{}{C}}\right]_n\!OCH_2CH_2OH + (n-1)HOCH_2CH_2OH$$

由于 PTA 法比 DMT 法优点更多，如原料消耗低，EG 回收系统较小，不副产甲醇，生产较安全，流程短，工程投资低，公用工程消耗及生产成本较低，反应速率平缓，生产控制比较稳定等，目前世界 PET 总生产能力中大多采用 PTA 法。

3. 环氧乙烷加成法（EO 法）

因为乙二醇是由环氧乙烷制成的，若由环氧乙烷（EO）与 PTA 直接加成得到 BHET，再缩聚成 PET，这种方法称为环氧乙烷法，反应步骤如下。

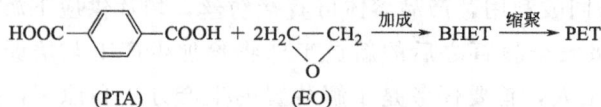

$$HOOC-\!\!\!\bigcirc\!\!\!-COOH + 2H_2C\!\!-\!\!CH_2 \xrightarrow{加成} BHET \xrightarrow{缩聚} PET$$
$$\text{(PTA)} \qquad\qquad \text{(EO)}$$

此法可省去由 EO 制取乙二醇这一步骤，故成本低，且反应又快，优于直缩法。但因

EO 易于开环生成聚醚，反应热大（约 100kJ/mol），EO 在常温下为气体且易热分解，运输及贮存都比较困难，所以此法尚未大规模采用。

二、PTA 法工艺路线选择

PTA 法生产聚酯的工艺主要有吉玛工艺、钟纺工艺、杜邦工艺、伊文达工艺等。本装置采用德国吉玛工艺。吉玛工艺的特点：

① 选用单一的缩聚催化剂；

② 酯化反应温度较低，停留时间较长，但操作稳定，产品中二甘醇（DEG）含量较低，产品质量较好；

③ 采用刮板冷凝器，解决了缩聚真空系统低聚物堵塞的问题。

【任务实施】

一、认识生产装置

实施方法：播放影像资料，了解生产装置基本组成。

PTA 法吉玛工艺生产 PET 的工艺流程一般由 PTA 下料及输送单元、浆料配置单元、酯化单元、缩聚单元、真空系统、熔体输送单元和热媒炉单元七部分构成。为了确保生产安全顺利进行，提高生产效率和产品质量，工艺中除了原料 PTA 和 EG 外，还需要加入缩聚催化剂三乙酸锑 $Sb(Ac)_3$、消光剂 TiO_2。PET 生产装置的工艺流程基本过程如图 2-1 所示。

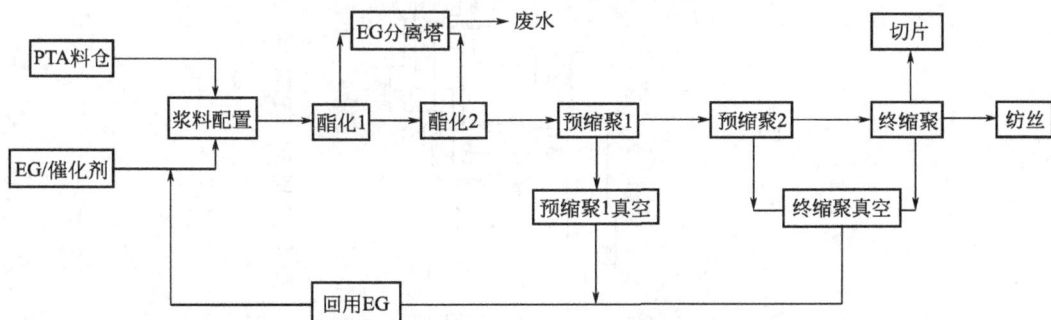

图 2-1 PET 生产装置的工艺流程基本过程

二、识读工艺流程图

PET 生产工艺流程如图 2-2 所示。

工艺流程说明如下。

1. 浆料配制

PTA 自 PTA 贮存料仓用氮气输送至聚合装置生产线的日料仓。

PTA 自日料仓落入 PTA 称重装置进行连续称量，以每小时 10826kg 的进料速度，连续均匀地加入浆料配制槽中，PTA 称量装置通入少量的氮气起氮封作用，同时也可防止日料仓内 PTA 下料过程中产生架桥现象。

同时配制好的 2.7% 的催化剂溶液和循环使用的乙二醇分别以 173kg/h 和 4102kg/h 的喂入量一同喷淋加入浆料配制槽中，在搅拌器的搅拌下，使 PTA 与 EG 充分混合均匀，配制成 EG/PTA 摩尔比为 1.15 的浆料，浆料配制过程是连续的，浆料在配制过程中停留约 3.5h。

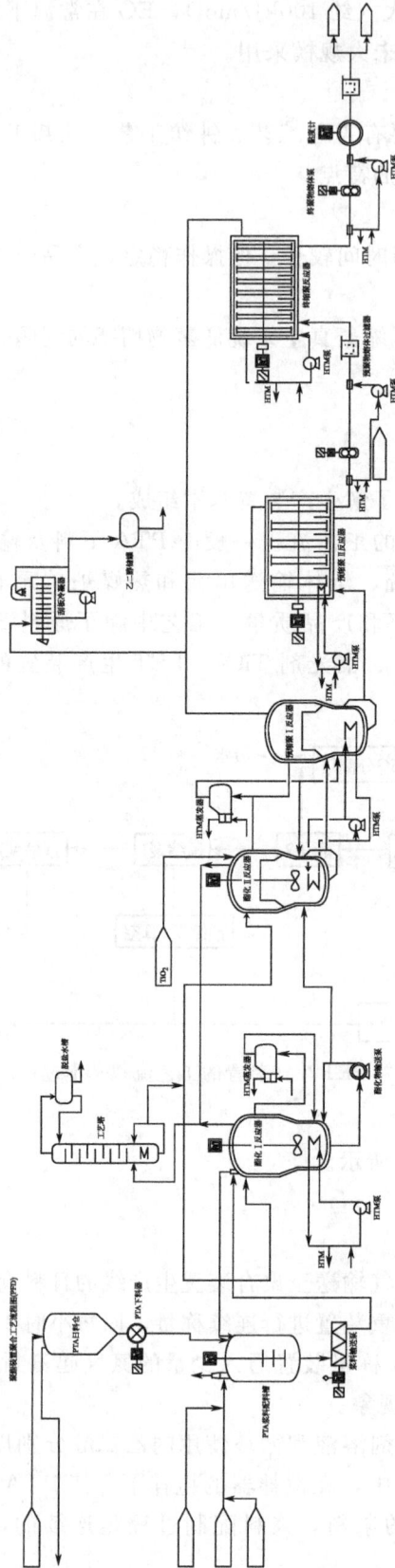

图 2-2 PET 生产工艺流程

配制好的浆料用两台 PTA 浆料泵送进第一酯化反应器中。正常时两台泵各在 50％负荷下运行，当其中一台泵出现故障需检修时，另一台可升至 100％负荷运转，不影响正常生产。浆料泵的转速由第一酯化反应器的液位控制器进行自动调节。

2. 酯化反应

来自浆料配制槽的 PTA 浆料由第一酯化反应器的顶部进入，通过搅拌器混合搅拌和热媒盘管进行加热，在 264℃±5℃下进行反应，停留时间为 192min。反应后物料由第一酯化反应器的底部通过酯化物输送泵从侧面进入第二酯化反应器的内室，依靠搅拌器搅拌和热媒盘管进行加热，物料由内室流入反应器外室，在 269℃±5℃下继续进行酯化反应，反应时间为 66min，将已配制的 11％的 TiO_2 悬浮液通过计量泵从反应器上部加入。第一、二酯化反应生成的水和蒸发的乙二醇共同进入工艺塔内进行精馏分离。塔顶馏出物是含量约为 98.48％的水，经冷凝器和回流罐的部分回流，其余经废水冷却器冷却至排放温度后，送到污水预处理进行处理，冷凝中不凝气去尾气洗涤塔洗涤后排放。

工艺塔塔釜液含乙二醇含量约为 99.04％，由塔底出料泵其将其一部分送回 27-R01 和 R02，其余送到乙二醇贮罐，进行浆料配制。

工艺塔和酯化反应器的加热盘管以及酯化产物夹套管均由二次回路的液相热媒加热，反应器的加热夹套和气相管线则由气相热媒加热。

3. 预缩聚

预缩聚分两段进行，来自第二酯化反应器的酯化产物凭借压差进入第一预缩聚反应器内室，通过热媒盘管进行加热，然后再从内室进入反应器外室，使酯化物在 272℃±5℃和 10kPa±4kPa 的条件下进行预缩聚反应，反应时间约 31min。

反应器内酯化、缩聚两种反应同时进行，气化的乙二醇不断被真空系统抽走，抽走的乙二醇蒸气进入刮板冷凝器，入口处有刮板式搅拌器，以清除低聚物。乙二醇蒸气被约 34℃的 EG 捕集后流入乙二醇液封槽中，通过罐内的粗滤网溢流和双联过滤器滤去刮下来的低聚物残渣，沉积在液封罐底部，定期排放残渣。

过滤后的乙二醇用循环泵经冷却器冷却至约 34℃，在喷淋系统中使用，多余的乙二醇经真空系统后，溢流到废乙二醇贮槽中。

由第一预缩聚反应器出来的物料凭借位差和压差从底部进入第二预缩聚反应器中，继续在 286℃±5℃和约 1.8kPa 下进行反应，反应时间约为 54min，此时预缩聚物料酯化率达到约为 99.5％，聚合度约为 23.3。

第二预缩聚反应器为一个特殊设计的卧式圆盘反应器，四块挡板把反应器分为五个室。

由于第二预缩聚反应器中的物料是在较高的真空下进行的，因此采用乙二醇蒸气喷射器使反应器内产生真空。刮板冷凝器乙二醇喷淋系统与第一预缩聚反应器的刮板冷凝器喷淋系统相同。预聚物分两路出料，分别经输送泵输送至两个终聚釜，正常生产时每组两台泵同时在 50％负荷下运转，互为备台，如果一台出现故障时，另一台可升至 100％负荷运转，出料泵的转速由终聚釜的液位进行自动控制。预聚合物经四通阀串联进入预聚物过滤器进行过滤，两台过滤器可互为备台，在特殊情况下也可以并联使用。第一、二预缩聚反应器的加热盘管和第二预缩聚反应器的夹套均由二次液相热媒加热，第一预缩聚反应器加热夹套和气相抽出管线则由气相热媒加热。

4. 终缩聚

此过程为特殊过程。从第二预缩聚反应器来的预聚物分两路，分别由底部进入圆盘反应器，在 272℃±3℃、约 130Pa 的条件下，经过约 171min 完成终缩聚反应，使物料的特性黏度提高至约 0.682，反应结束时，聚合物酯化率约为 99.8%，聚合度约为 100。

反应终了的聚合物熔体由熔体出料泵排出，经熔体过滤器送去切粒。

正常生产时，终缩聚熔体泵各以 50% 负荷运转，根据生产量确定出料泵的转速，若产量变化时则可自动调节 PTA 浆料泵，以控制整个反应系统的物料喂入量。

终缩聚反应过程中蒸发出来的乙二醇蒸气从圆盘反应器上部抽出，通过刮板冷凝器，用 28℃ 的乙二醇液体喷淋冷凝，喷淋的乙二醇在循环系统中采用 7℃ 的冷冻水进行冷却。反应系统中所需要的新鲜乙二醇有 2/3 从此处补加。

由刮板冷凝器出来的不凝气体进入乙二醇蒸气喷射器，喷射器共分为三级，各级动力蒸气都来自乙二醇蒸发器，正常操作温度为约 202.6℃，压力为 0.098MPa，各级的真空度分别可达 100Pa、600~1000Pa、3500Pa，从喷射器出来的不凝气体经真空泵系统后，进入尾气洗涤塔（这两座尾气洗涤塔既可以串联，也可以互为备台），用工业水洗涤后放空。

圆盘反应器的加热夹套、熔体夹套管线以及乙二醇蒸发器的加热盘管均由二次液相热媒加热，所有气相夹套管线和乙二醇蒸气喷射器则由气相热媒加热。

由圆盘反应器出来的聚合物熔体，经熔体泵升压，熔体过滤器过滤后，通过熔体分配阀，去铸带头进行铸带，随后落入水下切粒机的导流板，用脱盐水喷淋冷却，使熔体在半固化状态下切粒，并被水进一步冷却及固化。

【任务评价】

序号	学习目标	评价内容	评价结果				
			优	良	中	及格	不及格
1	掌握生产装置基本组成	原料					
		装置基本组成及各部分任务					
		生产方法					
2	能识读 PET 吉玛工艺流程图	识读酯化部分流程					
		识读缩聚部分流程					
		识读真空回收 EG 部分流程					
		识读热媒部分流程					

【知识拓展】

一、原料 PTA 的主要危险性

① PTA 为易燃物质，遇高热、明火或与氧化剂接触，有燃烧的危险。PTA 粉尘具有爆炸性。因此，产品的生产和装卸过程应注意密闭操作，工作场所应采取必要的通风和防护措施，防止产品泄漏和粉尘积聚。

② PTA 属低毒类物质，对皮肤和黏膜有一定的刺激作用。对过敏症者，接触本品可引起皮疹和支气管炎。空气中最高允许浓度为 0.1mg/m³。长期接触的人员，操作时需穿好防

护服并戴好面罩。

二、切片

切片是间接纺丝的原料，通过将 PET 熔体→挤出铸带→水中急剧冷却固化→切断→切片。聚酯切片外观为米粒状，品种多（全有光、半有光、大有光、阳离子、本消光）。

在聚酯切片的市场报价中，经常会看到"大有光"、"半消光"和"有光"等字样，这里所说的都是针对聚酯切片中的二氧化钛（TiO_2）含量而言的。

① 大有光聚酯切片中二氧化钛含量为零。

② 有光聚酯切片中二氧化钛含量为 0.1% 左右。

③ 半消光聚酯切片中二氧化钛含量为 $0.32\% \pm 0.03\%$。

④ 全消光聚酯切片中二氧化钛含量为 2.4%～2.5%。

PET 切片如图 2-3 所示。

图 2-3　PET 切片

任务二　反应岗操作条件影响分析

【任务介绍】

温度、压力和原料的配比等操作条件控制的得当，可以减少副反应，提高产品收率，直接影响生产的效率和效益。了解操作条件的确定依据以及条件变化对生产的影响，才能在实际生产中按照生产要求进行操作条件的监控和调节控制，确保生产安全顺利地进行。

【相关知识】

一、生产原理

1. 酯化反应

酯化反应是 PTA 和 EG 通过反应生成对苯二甲酸二乙二酯和水，化学反应式如下。

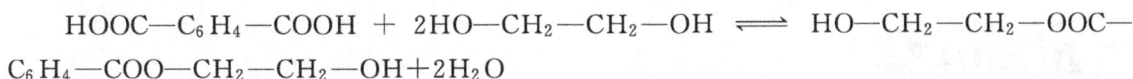

$$HOOC-C_6H_4-COOH + 2HO-CH_2-CH_2-OH \rightleftharpoons HO-CH_2-CH_2-OOC-C_6H_4-COO-CH_2-CH_2-OH+2H_2O$$

由于 PTA 仅能部分溶于 EG，因此 PTA 与 EG 的酯化反应不是均相反应，只有酯化率和聚合度达到一定程度时，固态 PTA 才能全部被溶解，此时被视为均相反应，所以可这样认为：酯化反应速率在非均相反应中与 PTA 的量无关，因为 PTA 从固相溶解得来，在 EG 中的溶解度一定。但对于均相酯化反应来讲，PTA 与 EG 的浓度对反应速率影响显著。

2. 缩聚反应

缩聚反应是聚酯合成过程中的链增长反应。通过这一反应，单体与单体、单体与低聚物、低聚物与低聚物将逐步缩聚成聚酯。用化学式表示其过程如下。

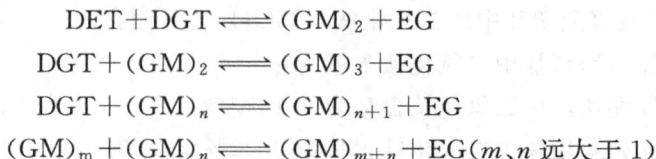

$$DET+DGT \rightleftharpoons (GM)_2+EG$$
$$DGT+(GM)_2 \rightleftharpoons (GM)_3+EG$$
$$DGT+(GM)_n \rightleftharpoons (GM)_{n+1}+EG$$
$$(GM)_m+(GM)_n \rightleftharpoons (GM)_{m+n}+EG(m、n \text{ 远大于 } 1)$$

上述反应均为可逆反应。

实际上，酯化反应和缩聚反应并不是截然分开的，当酯化反应进行到一定阶段，即乙二醇酯基生成一定量时，两种反应同时进行，反应速率将随乙二醇酯基的浓度减少而逐渐下降。从上述反应式表明，反应物系中 EG 浓度降低，将使反应向高聚合度方向移动。物料上方 EG 分压的降低也将引起反应物系中 EG 浓度的降低，从而使反应也移向高聚合度方向，同时反应速率也相应提高。因此，缩聚反应一般都是在真空下进行。

3. 副反应

由于二元羧酸与二元醇进行酯化和缩聚反应时，可能产生一些副反应。对于 PTA 和 EG，其副反应主要是醚键的生成，例如：两个乙二醇分子脱去一个水分子生成二甘醇。

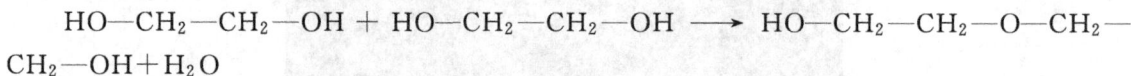

$$HO—CH_2—CH_2—OH + HO—CH_2—CH_2—OH \longrightarrow HO—CH_2—CH_2—O—CH_2—CH_2—OH+H_2O$$

二甘醇在温度 200℃ 以下时，生成量是很少的，其速率随温度上升而急剧加快。醚键还可以嵌入大分子中，影响聚酯的熔点和耐热氧化性能。

二甘醇还可以继续与乙二醇反应生成三甘醇，当三甘醇生成量很低时，可忽略不计。

聚对苯二甲酸乙二醇酯在高温下会引起热降解反应，虽然 PET 熔体在 280℃ 干燥空气中具有较高的热稳定性，但仍会引起断链与分子量下降，使熔体黏度降低，端羧基增加并造成聚酯着色。因此应严格控制过程操作，减少热降解、氧化或水解等副反应，为防止热裂解反应，必须在无氧或惰性气体保护下进行缩聚反应。

二、催化剂

聚酯生产过程中，酯化反应不需要另加入催化剂，外加入的催化剂在缩聚反应中起作用，由于整个反应过程中酯化与缩聚相互伴随，所以反应开始催化剂就与原料一起加入。

目前世界绝大多数 PET 聚酯生产装置仍采用锑类催化剂，锑催化剂用量约占 90%，常使用的锑系催化剂为：Sb_2O_3 和 $Sb(Ac)_3$，与前者相比后者具备如下优势：

① $Sb(Ac)_3$ 可以溶解在 EG 中，催化速率快；

② $Sb(Ac)_3$ 纯度高，易制备，低温下不易发生沉淀堵塞问题；

③ $Sb(Ac)_3$ 有效锑含量高，因此催化剂的使用量少。

【任务实施】

一、温度的影响分析

1. 酯化反应

在 EG/PTA 摩尔比一定的条件下，提高反应温度则反应速率也随之增加，若要得到特性黏度较高的聚酯，酯化温度要高于 240℃，否则酯化时间和缩聚时间都需延长，而且产品熔点低，色相较差。但提高反应温度，同时副反应速率也随之增快。

对于串联反应器的温度分配，采用逐级升温方式，有利于减少副产物 DEG 的生成量和降低分离 EG 的能耗，这是因为在酯化反应初期，羟基浓度相对较高，选择较低的反应温度有利于降低 DEG 的生成量和 EG 的蒸发量。

2. 缩聚反应

缩聚反应一般是放热反应，升高温度对反应平衡不利，缩聚产物的最大平均聚合度也将会受到影响。但缩聚反应的热效应一般较小，而升高温度能加快反应速率，能促使反应更快趋向平衡，有利于小分子排除，所以在实际生产中采用逐渐升高温度的方法来缩减反应停留时间。

而温度对缩聚反应的影响是多方面的，首先在一定范围内升高温度可提高反应速率和缩短反应时间，但温度过高又将促进热降解和生成环状歧聚物（主要是三四聚体），聚合度、黏度降加剧，羧基含量上升，颜色发黄。羧基含量较高（>40mol/t）时，表明酯化反应明显不足，或者聚合物在熔体输送等过程中受到强烈的热降解、热氧化降解或者水解。羧基含量较高的产品不但会导致切片或纤维色泽变黄，而且在纺丝过程中会加大黏度降。所以温度一般控制在 280～285℃。

二、压力的影响分析

1. 酯化反应

为维持适当的 EG/PTA 摩尔比，酯化反应通常在加压下进行，提高压力，反应速率加快，同时酯化物中副产物 DEG 的生成量也增加。

在酯化过程中，反应体系中的气相压力可视为 EG 和水的分压之和，压力低则反应体系中水含量也低，即意味着高酯化度，但同时导致游离乙二醇浓度低，使酯化率降低；压力高则意味着水含量高，不利于酯化反应。因此要选择一个"最适宜的压力"，在这个压力以上，由于水浓度高而不利于酯化，低于这个压力则又因 EG 蒸发量过高而不利于加深酯化。

2. 缩聚反应

从理论上说，处于平衡状态的反应体系，无论是反应物还是生成物，如果有气态物质存在，改变压力条件能影响反应过程，当其他条件一定时，升高压力会使化学平衡向缩小气体体积的方向移动。反之亦然，正如 $K = Pn^2 X_G$ 所描述，减少缩聚釜压力，可使 X_G 减少，使反应向正方向进行，从而有利于达到新的平衡。

缩聚反应一般在真空下进行，压力越低，即真空度越高，越有利于乙二醇的排除，因而反应速率也越快。但高真空在实际生产中夹带物也多，易堵塞管线。

所以，有效地控制连续缩聚圆盘反应釜内的真空度是保证产品 PET 质量稳定的关键。

三、原料配比（EG/PTA 摩尔比）的影响分析

EG/PTA 摩尔比对反应过程和产品 PET 的聚合度有重要影响，只有 EG 和 PTA 在等摩尔比的条件下才能得到高聚合度的 PET。当 EG 和 PTA 的摩尔比趋近于 1 时，PET 的聚合度为一个极限值。

进入第一酯化反应器中的浆料的 EG/PTA 摩尔比是控制酯化反应的重要工艺条件，

EG/PTA 摩尔比值过低，浆料黏度大，反应慢而不匀，摩尔比高则意味着乙二醇浓度高，有利于提高反应速率；但另一方面，由于反应体系中羟基浓度增大，使副反应产物二甘醇（DEG）生成量增加，而且还增加分离 EG 的消耗，很不经济。

EG 和 PTA 在酯化反应中，EG/PTA 的摩尔比为 2/1，但在反应体系中，EG/PTA 酯化产物 BHET 的缩合又放出 EG，为防止 EG 自身缩合成 DEG 而影响 PET 的质量，通常使 EG 的含量小于 EG/PTA 的摩尔比，EG/PTA 的摩尔比为（1.7～1.8）∶1。所以在满足各种条件下，应尽量降低 EG/PTA 的摩尔比，但 EG/PTA 的摩尔比也不宜过低，否则酯化产物的羧基含量增高。随着 EG/PTA 的摩尔比提高，酯化反应加速、时间缩短，但同时也使体系中 DEG 含量增加，最终导致产品 PET 中的 DEG 含量增加。一般而言，DEG 含量增加会降低聚酯的熔点，并且加剧聚合物的热氧化降解。若 DEG 的含量高于 2%，这种影响就十分明显，但是需要特别指出的是，DEG 含量会影响聚酯产品的染色性能，而这种影响不在于 DEG 含量的多少，最关键的是 DEG 含量的均一性，在产品中 DEG 分布均一的前提下，DEG 含量越高，聚酯纤维的染色性就越好。

在连续缩聚时 EG/PTA 的理论摩尔比为 1∶1，但因酯化温度在 260℃左右，远高于 EG 的沸点，所以有一部分 EG 从体系中脱除。酯化过程基本是在接近"清晰点"的条件下进行的，缩聚反应脱出的 EG 经回收再循环到系统中，以补充少量 EG 的过程损失。吉玛工艺采用的 EG/PTA 的摩尔比为 1.15∶1，第一酯化反应器的 EG/PTA 摩尔比控制在 1.65 左右。

【任务评价】

序号	学习目标	评价内容	评价结果				
			优	良	中	及格	不及格
1	掌握生产原理	生产原理及反应特点					
2	正确选择催化剂	催化剂及特点					
3	能进行温度条件的影响分析	温度条件的影响					
4	能进行压力条件的影响分析	压力条件的影响					
5	能进行原料配比的影响分析	原料配比的影响					

【知识拓展】

一、PTA 酯化反应的清晰点

PTA 全部溶于液相，体系由非均相混浊转为均相透明。

开始反应时，PTA 颗粒悬浮于 EG 中，酯化反应为多相反应，反应速率取决于 PTA 颗粒在反应物中的溶解速率，酯化反应速率较低。PTA 的溶解速率是随着酯化产物（即对苯二甲酸乙二醇酯及其低聚体）含量的增加而增加的，当达到清晰点之后，PTA 完全被溶解于体系中，反应呈均相反应，反应速率取决于 PTA 与 EG 的反应速率，且与反应物中的 PTA 与 EG 的浓度有关，反应速率较快。酯化反应速率在清晰点处达到最大值，而在清晰点之前与之后，都下降很快。

二、PTA 的酸值

酸值基本上可看做是 PTA 纯度的标志，以每克试样中和时，消耗氢氧化钾的质量

（mg）表示，但 PTA 中如含有其他羧基酸杂质，如 4-CBA、PT 酸、苯甲酸、邻苯二甲酸、间苯二甲酸等，其含量很少，一般在 50×10^{-6} 以下，对实际生产并无明显影响，但它们会破坏大分子链的规整性，影响聚酯的内在质量，如结晶性、可纺性、熔点等，并影响聚酯的加工性能，甚至影响后续产品的使用性能。它们也以消耗氢氧化钾质量（mg）表示。所以在酸值异常时，要进一步分析其他有机酸含量，酸值的标准可定为 675mg KOH/g±2mg KOH/g。

三、消光剂

消光剂是指能将纤维表面反射光线的光泽向不同方向进行漫射，使纤维光泽变暗的物质。在 PET 的生产过程中加入的消光剂是二氧化钛（TiO_2）是因为 TiO_2 的折射率大，消光效果好，化学稳定性高，在高温中不发生变化，不溶于水，在后处理过程中不会消失。

任务三　PET 合成岗位操作

【任务介绍】

PET 合成岗位主要包括酯化反应单元和缩聚单元，此外还包括辅助单元 EG 回收系统和真空系统。本岗位利用 PTA-EG 浆料送入酯化系统，经两个反应釜完成酯化反应，酯化产品则继续进行缩聚反应。缩聚过程分为预缩聚和终缩聚，其中预缩聚分两段完成，最终缩聚则采用特殊结构的环盘反应器。

酯化反应单元蒸出的 EG 进入工艺塔脱水分离回收，真空系统利用液环真空泵和蒸汽喷射器为缩聚单元提供负压。

【相关知识】

一、环盘反应器

缩聚单元采用吉玛公司的专利设备：环盘反应器作为最终缩聚反应釜，是一个全夹套卧式单轴环盘反应器。由于缩聚反应过程中希望聚合物在反应釜内停留时间尽可能均匀，过量的 EG 尽可能快地逸出，所以反应器采用了分室的环盘结构。反应器内分设 8 个室，32 块挡板，55 块环盘，所有的环盘都固定在搅拌轴上。前四室环盘是组合型环盘，后四室环盘是单盘，在最后一室为防止环盘承受的扭矩过大而将环盘直径逐渐减小。所有环盘均无开孔。终缩聚反应器内部不设加热盘管和加热挡板，以防止低聚物堆积堵塞。终缩聚反应器环盘见表 2-2。

表 2-2 终缩聚反应器环盘

室号	1	2	3	4	5
环盘数/个	8	7	7	7	8
盘间距/mm	80	90	100	110	120
室长度/mm	1040	855	910	975	1030

物料在反应器内由入口向出口流动总体是呈活塞流，在每一块环盘附近，由于环盘的圆

周运动，物料被盘面拉起离开液面，随即在重力作用下逐渐破碎落下，从而增大了物料的蒸发面积，有利于 EG 的蒸发，从而加快了缩聚反应的进行。挡板的存在，使物料的流动得以控制，防止了物料的返混，使缩聚反应均匀进行，物料得以保持均匀向前流动。

圆盘反应器的搅拌轴一端支撑在反应器前端盖上，这是一个轴向支承，采用圆柱滚珠轴承，备有润滑系统。另一端支承在圆盘反应器的内部，这是一个活动支承，它既允许轴在轴向上有位移，而且当轴发生垂直方向的变形时，也能允许支承端正常转动，内轴承是一个滑动半轴承。

由于反应器内真空度高、温度高，轴封箱体设计成带循环冷却液的结构，冷却室分内外室，密封冷却液为硅油。反应器有专门的润滑、密封系统。

二、蒸气喷射泵

蒸气喷射泵是利用流体流动时的静压能与动压能相互转换的原理来吸送流体的，如图 2-4 所示。

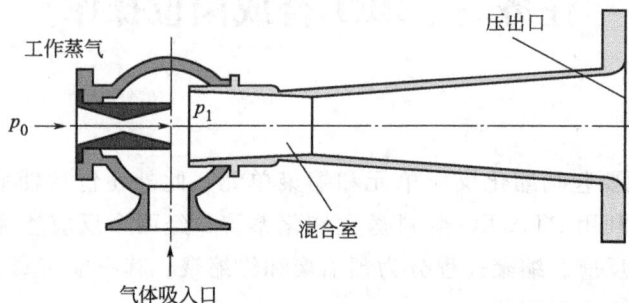

图 2-4　蒸气喷射泵工作原理

对于单级蒸气喷射泵来说，压力为 p_0 的工作蒸气通过缩放喷嘴后，以极高的流动速度喷入扩散器，在速度增加的同时，工作蒸气压力于喷嘴出口处降为 p_1，因而将被抽气体吸入。在喷嘴出口处至整个扩散器的一段长度内，高速蒸气流与被抽气体发生碰撞、混合，进行能量交换，逐步混合成为均匀的混合气体，速度下降、压力上升，在扩散器出口达到大气压力或后一级喷射器的入口压力，将被抽气体排出。

为得到更高的真空度，蒸气喷射泵可采用多级串联的形式。在多级串联喷射系统中，前一级喷射器喷出的气流中不仅有被抽气体，还有该级的工作蒸气，使后一级的负荷增加。为节省后一级蒸气的消耗，可在两级喷射之间安装冷凝器，使混合气体中的大部分可凝性蒸气冷凝下来。

【任务实施】

一、酯化反应单元的操作

1. 酯化Ⅰ釜温度（TRC27-06）

控制目标：264℃。

控制范围：±5℃。

相关参数：酯化Ⅰ釜热媒加热泵 27-P01/02 出口温度（TIC27-04）、负荷变化。

控制方式：手动调节 TIC27-04 或 TIC27-04 与 TRC27-06 自动串级控制，温度高则关小；反之则开大。

酯化Ⅰ釜温度控制原理如图 2-5 所示。

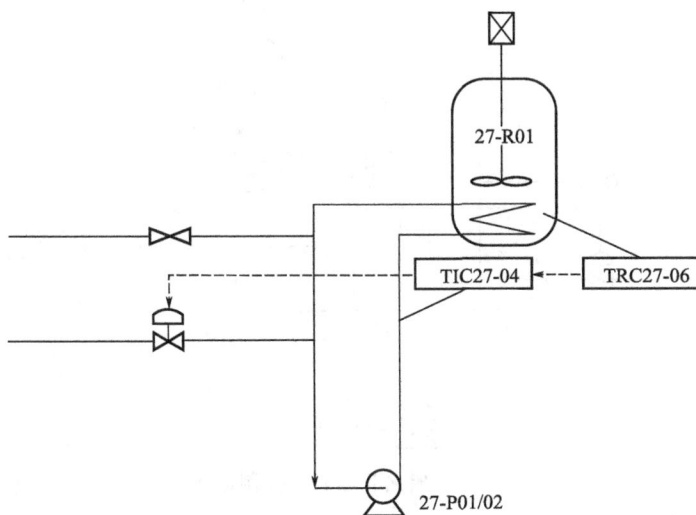

图 2-5 酯化Ⅰ釜温度控制原理

正常调整:

影响因素	调 整 方 法
a. 加热泵出口温度 b. 负荷变化	a. 调整加热泵进油调节阀,温度高则关小;反之则开大 b. 调整加热泵进油温度,温度高则关小;反之则开大

异常处理:

现象	原因	处 理
酯化Ⅰ釜温度低于中心值 4℃	a. 炉温波动 b. 负荷提高过快 c. 阀门 TV27-04 开度与中控室不符	a. 按照操作规定打开 TIC27-04 旁通阀,必要时启动备台泵 b. TRC27-06 手动调节,调整负荷变化速率,平稳提高负荷 c. 仪表人员检查处理
酯化Ⅰ釜温度高于中心值 4℃	a. 负荷降低过快 b. 阀门 TV27-04 开度与中控室不符	a. TRC27-06 手动调节,调整负荷变化速率,平稳降低负荷 b. 仪表人员检查处理

2. 酯化Ⅱ釜温度（TRC27-24）

控制目标：269℃。

控制范围：±5℃。

相关参数：酯化Ⅱ釜热媒加热泵 27-P05/06 出口温度（TIC27-27）、负荷变化。

控制方式：手动或自动调节 TRC27-24,温度高则关小;反之则开大。

酯化Ⅱ釜温度控制原理如图 2-6 所示。

正常调整:

影响因素	调整方法
a. 加热泵出口温度 b. 负荷变化	a. 调整加热泵进油调节阀,温度高则关小;反之则开大 b. 调整酯化Ⅱ釜温度调节阀,温度高则关小;反之则开大

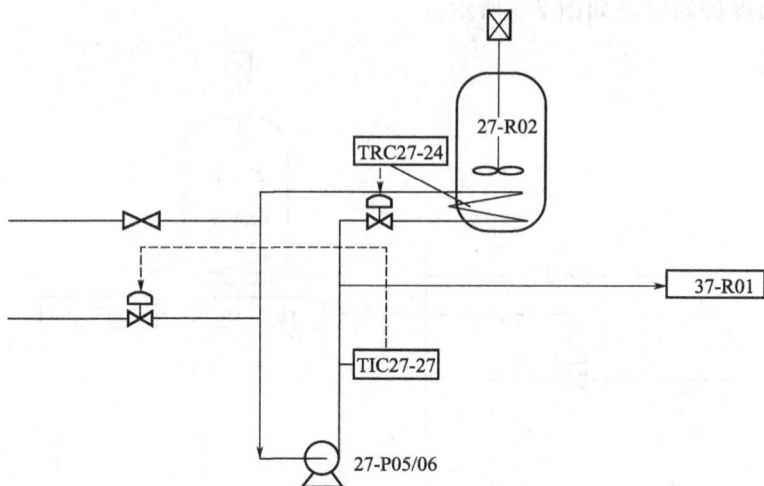

图 2-6 酯化Ⅱ釜温度控制原理

异常处理：

现象	原因	处理
酯化Ⅱ釜温度低于中心值 4℃	a. 炉温波动 b. 负荷提高过快 c. 阀门 TV27-24 开度与中控室不符	a. 按照操作规定打开 TRC27-24 旁通阀,必要时启动备台泵 b. TRC27-06 手动调节,调整负荷变化速率,平稳提高负荷 c. 仪表人员检查处理
酯化Ⅱ釜温度高于中心值 4℃	a. 负荷降低过快 b. 阀门 TV27-04 开度与中控室不符	a. TRC27-24 手动调节,调整负荷变化速率,平稳降低负荷 b. 仪表人员检查处理

二、缩聚反应单元的操作

1. 预聚Ⅰ釜乙二醇蒸气出口压力 PRC37-01 控制

控制目标：10kPa。

控制范围：±4kPa。

相关参数：负荷变化、预聚Ⅱ釜搅拌电流。

控制方式：手动或自动调节预聚Ⅰ釜乙二醇蒸气出口压力 PRC37-01,压力高则关小;反之则开大。

预聚Ⅰ釜乙二醇蒸气出口压力控制原理如图 2-7 所示。

正常调整：

影响因素	调 节 方 法
a. 负荷变化 b. 预聚Ⅱ釜搅拌电流	a. 根据负荷变化调节预聚Ⅰ釜乙二醇蒸气出口压力 b. 预聚Ⅱ釜搅拌电流过低,可相应降低预聚Ⅰ釜乙二醇蒸气出口压力

异常处理：

现象	原因	处理方法
PRC37-01 压力指示不变化	a. 压力变送器坏 b. 引压管堵塞	a. 更换压力变送器 b. 疏通引压管

续表

现象	原因	处理方法
预聚Ⅰ釜真空破坏	a. 液环泵工作效率差 b. 双联过滤器堵塞 c. 换热器堵塞 d. 鹅颈管堵塞 e. 大气腿堵塞 f. 刮板冷凝器伞板堵塞 g. 循环管线堵塞 h. 循环 EG 温度大于 45℃ i. EG 循环系统含水量过大 j. 循环泵故障 k. 真空系统泄漏	a. 置换液环泵工作介质或切换液环泵 b. 切换清理 c. 切换清理 d. 疏通 e. 疏通 f. 清理 g. 清理 h. 切换并清理换热器 i. 补加新鲜 EG j. 设备人员维修 k. 检漏消漏

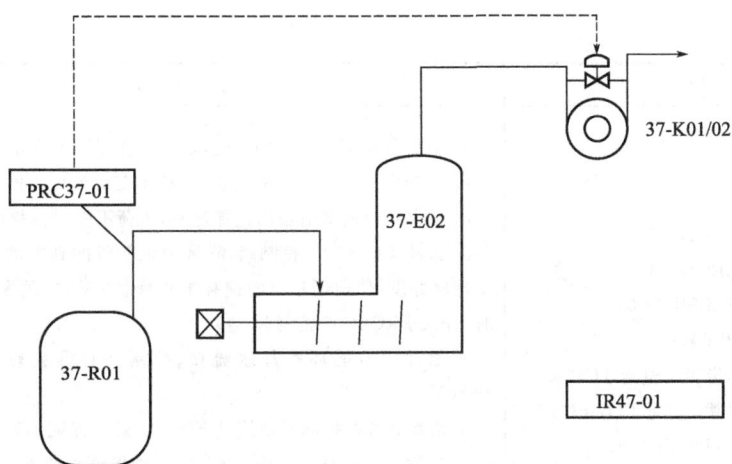

图 2-7　预聚Ⅰ釜乙二醇蒸气出口压力控制原理

2. 预聚Ⅱ釜搅拌电流（IR47-01）

控制目标：46A。

控制范围：±5A。

相关参数：预聚Ⅱ釜温度（TRC47-13）、预聚Ⅱ釜液位（LRC47-03）、预聚Ⅱ釜搅拌速率（SIK47-01）、预聚Ⅱ釜压力（PRC47-07）、预聚Ⅱ釜搅拌器齿轮箱温度（TC47-07）、预聚Ⅱ釜搅拌润滑油流量（FI47-01）、预聚Ⅱ釜搅拌密封液（FI47-02）、预聚Ⅱ釜入口物料黏度、负荷。

控制方式：通过 PRC47-07 手动或自动调节，实现对预聚Ⅱ釜物料黏度的控制，预聚Ⅱ釜搅拌电流表征出预聚Ⅱ釜物料黏度的变化。在预聚Ⅱ釜搅拌速率（SIK47-01）、预聚Ⅱ釜液位（LRC47-03）、预聚Ⅱ釜温度（TRC47-13）、预聚Ⅱ釜搅拌器齿轮箱温度（TC47-07）、预聚Ⅱ釜搅拌润滑油流量（FI47-01）、预聚Ⅱ釜搅拌密封液（FI47-02）不变的情况下，当预聚Ⅱ釜搅拌电流升高时，说明预聚Ⅱ釜物料黏度高，可通过关小 PRC47-07 控制阀，降低预聚Ⅱ釜真空度，从而降低提预聚Ⅱ釜物料黏度，使预聚Ⅱ釜搅拌电流降低；反之，预聚Ⅱ釜搅拌电流降低时，开大 PRC47-07 控制阀。

预聚Ⅱ釜搅拌电流控制原理如图 2-8 所示。

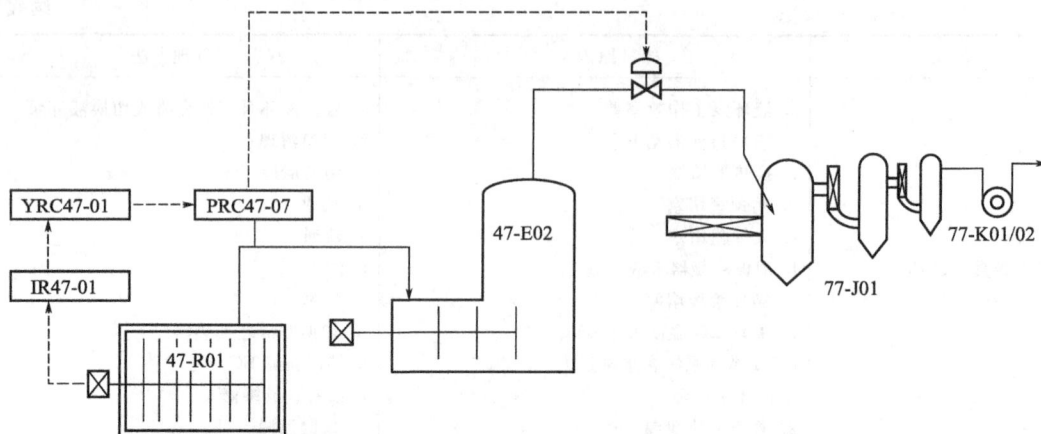

图 2-8　预聚Ⅱ釜搅拌电流控制原理

正常调整：

影　响　因　素	正　常　调　节
a. 预聚Ⅱ釜温度 TRC47-13 b. 预聚Ⅱ釜液位 LRC47-03 c. 预聚Ⅱ釜搅拌速率 SIK47-01 d. 预聚Ⅱ釜压力 PRC47-07 e. 预聚Ⅱ釜搅拌器齿轮箱温度 TC47-07 f. 预聚Ⅱ釜搅拌润滑油流量 FI47-01 g. 预聚Ⅱ釜搅拌密封液 FI47-02 h. 预聚Ⅱ釜入口物料黏度 i. 负荷	a. 根据负荷调节适当的温度，负荷不变时温度只做微调 b. 根据负荷调节适当的液位，负荷不变时液位只做微调 c. 根据负荷调节适当的搅拌速率，负荷不变时搅拌速率只做微调 d. 关小 PRC47-07 控制阀，降低预聚Ⅱ釜的真空度，从而降低预聚Ⅱ釜中物料黏度，使预聚Ⅱ釜的搅拌电流降低；反之，预聚Ⅱ釜搅拌电流降低时，开大 PRC47-07 控制阀 e. 通过调节循环冷却水流量，控制搅拌器齿轮箱温度 TC47-07 低于 50℃ f. 预聚Ⅱ釜搅拌润滑油流量 FI47-01 必须保证不低于 120L/h g. 预聚Ⅱ釜搅拌密封液 FI47-02 必须保证不低于 50L/h h. 预聚Ⅱ釜入口物料黏度对预聚Ⅱ釜出口物料黏度有很大影响。如果预聚Ⅱ釜入口物料黏度偏低，可开大 PRC47-07 控制阀，提高预聚Ⅱ釜真空度，进行补偿，同时调节预聚Ⅰ釜真空度 i. 不同的负荷对应不同的温度、液位和搅拌速率

异常处理：

现　象	原　因	处理方法
搅拌电流突跃	a. 搅拌器故障 b. 减速机故障 c. 电机故障 d. 润滑油流量不足 e. 润滑油温度过高或过低	a. 通知设备维修人员检查处理，严重的停车检修 b. 通知设备维修人员检查处理，严重的停车检修 c. 通知电气维修人员检查处理，严重的停车检修 d. 润滑油流量不足会造成齿轮磨损，必须认真巡检确保润滑油流量充足 e. 润滑油温度控制在 65～110℃ 之间，过高会造成润滑油变质，过低会造成润滑油黏度高，搅拌转动阻力大，使电流升高
PRC47-07 压力指示不变化	a. 压力变送器坏 b. 引压管堵塞	a. 更换压力变送器 b. 疏通引压管

续表

现　　象	原　　因	处理方法
预聚Ⅱ釜真空破坏	a. 液环泵工作效率差 b. 循环泵前过滤器堵塞 c. 换热器堵塞 d. 鹅颈管堵塞 e. 大气腿堵塞 f. 刮板冷凝器伞板堵塞 g. 循环管线堵塞 h. 循环 EG 温度大于 45℃ i. EG 循环系统含水量过大 j. 循环泵故障 k. 喷射泵蒸气喷嘴堵塞 l. 喷射泵喷淋喷嘴堵塞 m. 喷射泵喷淋塔伞板堵塞 n. 喷射泵蒸气压力不足 o. 真空系统泄漏 p. 反应釜气相挡板堵	a. 置换液环泵工作介质或切换液环泵 b. 切换清理 c. 切换清理 d. 疏通 e. 疏通 f. 清理 g. 清理 h. 切换并清理换热器 i. 补加新鲜 EG j. 设备人员维修 k. 清理 l. 清理 m. 清理 n. 提高喷射泵蒸气压力 o. 检漏消漏 p. 清理
预聚Ⅱ釜液位低于设定值5%	a. 负荷提高过快 b. PRC37-01 真空度过高 c. PRC47-07 真空度过低 d. LV37-01 卡住或与中控室不符 e. LV47-03 卡住或与中控室不符 f. LRC47-03 指示错误 g. 进料不畅	a. LRC47-03 和 SRC57-03 手动调节,调整负荷变化速率,平稳提高负荷 b. 开大 PV37-01,降低 PRC37-01 真空度 c. 开大 PV47-07,提高 PRC47-07 真空度 d. 仪表人员检修 e. 仪表人员检修 f. 仪表人员检修 g. 疏通
预聚Ⅱ釜液位高于设定值5%	a. 负荷降低过快 b. PRC37-01 真空度过低 c. PRC47-07 真空度过高 d. 57-P03/04、57-P03A/04A 故障 e. LV37-01 卡住或与中控室不符 f. LV47-03 卡住或与中控室不符 g. LRC47-03 指示错误 h. 出料不畅	a. LRC47-03 和 SRC57-03 手动调节,调整负荷变化速率,平稳降低负荷 b. 关小 PV37-01,提高 PRC37-01 真空度 c. 关小 PV47-07,降低 PRC47-07 真空度 d. 设备人员检修 e. 仪表人员检修 f. 仪表人员检修 g. 仪表人员检修 h. 疏通
预聚Ⅱ釜温度低于设定值1%	a. 负荷提高过快 b. 炉温波动 c. 仪表故障,阀位不对或温度测量不准确	a. LRC47-03 和 SRC57-03 手动调节,调整负荷变化速率,平稳提高负荷 b. 按照操作规定打开 TRC47-24 旁通阀,必要时启动备台泵 c. 仪表人员检修
预聚Ⅱ釜温度高于设定值1%	a. 负荷降低过快 b. 仪表故障,阀位不对或温度测量不准确	a. LRC47-03 和 SRC57-03 手动调节,调整负荷变化速率,平稳降低负荷 b. 仪表人员检修

三、工艺操作卡片

酯化单元、预缩聚单元和终缩聚单元工艺操作卡片见表 2-3~表 2-5。

表 2-3 酯化单元的工艺操作条件

工艺操作条件	第一酯化釜	第二酯化釜
温度/℃	264	267
压力(绝对压力)/MPa	0.3	0.12
停留时间/h	内室1.67,外室0.33	内室0.735,外室0.735
酯化率/%	92	96.5
缩聚转化率/%	66.1	79.1

表 2-4 预缩聚单元的工艺操作条件

工艺操作条件	第一预缩聚釜	第二预缩聚釜
温度/℃	274	276
压力(绝对压力)/kPa	23.5	3.5
停留时间/min	33	44
酯化率/%	98.49	99.40
缩聚转化率/%	86.79	92.88
特性黏度$[\eta]$	—	0.17~0.19

表 2-5 终缩聚单元工艺操作条件

工艺操作条件	控制值
温度/℃	284
反应压力(绝对压力)/kPa	0.16
反应时间/min	220
出料特性黏度$[\eta]$	0.64
预聚物进料特性黏度	0.17~0.19
产品酯化率/%	99.75
缩聚转化率/%	99.03
产品聚合度	103

【任务评价】

序号	学习目标	评价内容	评 价 结 果				
			优	良	中	及格	不及格
1	掌握乙烯氧化反应单元操作要点	氧化反应器及结构					
		温度控制					
		汽包液位控制					
		反应器入口压力控制					
		反应器出口氧浓度控制					
2	掌握二氧化碳脱除单元要点	二氧化碳脱除方法和原理					
		吸收塔出口 CO_2 含量控制					
		吸收塔釜液位控制					
		吸收塔顶循环气含水控制					
		解吸塔釜碳酸钾浓度控制					

【知识拓展】

一、酯化过程的测试分析

对于酯化产品，至少应测试分析如下项目。

1. 酸值（AN）

酸值一般是聚酯原料（PTA）或中间产品中羧基含量的测定值项目。所以，在中间产品的测定中，其酸值包括为反应的（PTA）羧基和酯化或缩聚产物分子上的端羧基。所谓酸值是指中和1g样品所需的氢氧化钾的质量（mg），用mg KOH/g样品来表示。

2. 皂化值（SN）

氧化1g酯化物所需的氢氧化钾的质量（mg）称为该酯化物的皂化值。它表示产物中酯基和游离PTA的羧基以及产物分子中的端羧基的总和。

3. 游离乙二醇含量

游离乙二醇是指为参加反应的那部分乙二醇以单个分子（$HOCH_2CH_2OH$）的形式存在于反应物中。游离乙二醇含量的多少，在某种意义上说明了酯化反应过程中摩尔比的合理与否。而且，游离乙二醇含量太高时，酯化过程中酯化反应的概率会大大增加，影响产品质量。

二、缩聚过程的项目分析

对于聚酯产物的测试分析，主要有以下几个项目。

1. 特性黏度

熔体的特性黏度是PET分子量大小的综合反映，是描述熔体质量的最重要参数。测定熔体特性黏度主要用毛细管黏度计，特性黏度的单位为dL/g。

2. 端羧基（COOH）

与酸值的测定过程相同，端羧基的测定也是用氢氧化钾中和滴定样品中的羧基。但是由于聚合物中未反应的PTA几乎不存在，氢氧化钾中和滴定测量到的基本上都是PET分子链的端羧基。所以，在数量上端羧基要比酸值小得多。因此，习惯上测定酯化物时用酸值表示，而测定聚合物时用端羧基表示。酸值和端羧基可以相互换算，换算关系为：AN=0.0561 COOH，式中，AN为酸值，单位是mg KOH/g；COOH为端羧基，单位是$mol/10^6 g$。

3. 二甘醇含量

从字面上看，二甘醇含量是指二缩乙二醇的量，实际上聚合物中基本上不存在单一的乙二醇。所以，在PET产品中测到的DEG含量都是指结合在大分子链上形成醚键结构的部分"二甘醇"。测试分析中是将含有醚键的大分子链用化学的方法"切断"，并以真正二甘醇的形式出现在试液中，然后测定试液中的DEG含量，并用样品中的DEG的含量来表示。但是酯化物样品中的DEG含量的测定值，除了上述结合在分子链上形成醚键结构的部分"结合二甘醇"外，还包括游离二甘醇的含量。

任务四　涤纶长丝前纺岗位操作

【任务介绍】

涤纶长丝前纺岗位主要包括切片干燥、熔融、纺丝、冷却、卷绕，此外还包括辅助单元热媒系统、吹风系统和油剂系统。本岗位利用螺杆挤压机把经过干燥合格的切片熔融混合，输送到用热媒保温的纺丝箱体内，经计量泵计量，熔体以精确的流量和较高的压力通过过滤层，由喷丝孔喷出丝状，在纺丝窗体内，受到恒温、恒湿、定量的冷却风均匀冷却固化后，给湿上油，在卷绕机上卷成丝桶。

【相关知识】

一、纺丝机

一般纺丝机本身具备 4 个功能区。

① 高聚物熔融装置：螺杆挤出机。

② 熔体输送、分配、纺丝及保温装置：弯管、纺丝箱体（熔体分配管、计量泵、纺丝头组件）。

③ 丝条冷却装置：纺丝窗及冷却套筒。

④ 丝条收集装置：给湿上油机构、导丝结构、卷绕机或受丝装置。

1. 熔融装置

（1）作用　固体物料的供给、聚合物熔融、熔体定量挤出。

（2）螺杆三段　进料段、压缩段、计量段。

（3）螺杆挤出机工作原理　即螺杆的分区和物料在螺杆各区中的运动。

① 进料区（固化区）　等深螺杆。

② 前半部（冷却区）　夹套盘管或螺杆内芯通冷却水，<100℃；防止物料过早熔融而环结堵料；保护螺杆传动机构不受热。

③ 后半部（预热区）　防止物料从进料区到压缩区温度突变。

④ 压缩区（熔融区）　渐变或突变螺杆熔融物料（加热、剪切）并压缩（螺槽容积变小）；将空气或水蒸气返回进料区。

⑤ 计量区（均化区）　等浅螺杆。

2. 熔体输送、分配、纺丝及保温装置

（1）弯管　螺杆挤出机至纺丝箱体的熔体输送管道（一端与螺杆出口相接；另一端与纺丝机熔体分配管相接）——夹套内联苯-联苯醚混合物加热（熔体保温）。

（2）纺丝箱体　熔体分配管＋联苯加热箱＋纺丝泵及其传动装置＋纺丝头组件。

① 熔体分配管的原则　确保熔体到达各纺丝位的距离相同；熔体在分配管中停留时间短；折回少。

② 熔体分配管的形式　分支式、辐射式。

（3）纺丝箱体的加热（联苯加热箱）

① 作用　对熔体分配管、计量泵、纺丝头组件的保温加热作用。

② 方式　联苯-联苯醚热载体（联苯/联苯醚＝26.5%/73.5%），用电热棒加热。

③ 保温　80~100mm 保温层，填充超细玻璃纤维或其他绝热材料。

（4）计量泵　高温齿轮泵。

（5）纺丝头组件

① 作用　过滤熔体，防止堵塞喷丝孔熔体充分混合，减少熔体黏度差异，把熔体均匀分散到喷丝孔的每个小孔中去，形成熔体细流。

② 结构 喷丝板＋熔体分配板＋熔体过滤材料＋组装套的结合件。

3. 丝条冷却装置

(1) 纺丝窗 使丝条在冷却过程中只受定向、定量和定质的空气流冷却，冷却速率均匀一致，纤维凝固位置固定（不受周围气流影响）。

(2) 缓冷室 下部设前后两块插板，使其与冷却纺丝筒隔开，上部有闭锁器，使喷丝板下形成缓冷区；长 30～200mm；防止冷却风吹冷喷丝板面、降低卷绕丝双折射、提高拉伸性。

4. 丝条收集装置

纺丝机的结构如图 2-9 所示。

图 2-9 纺丝机的结构

1—预结晶；2—干燥塔；3—送粒管道；4—螺杆；5—静态混合器；
6—过滤室；7—联苯加热器；8—计量泵马达；9—计量泵；10—制冷机；11—送风管；
12—侧吹风；13—分配风道；14—钢平台；15—上油嘴；16—甬道；17—卷绕头

二、涤纶长丝工艺流程

常规纺丝工艺流程如下（纺丝速率为 1000～1500m/min，一般为 1200m/min 左右）：

干燥切片→熔融挤出→混合→计量→过滤→纺丝→冷却成型→上油→卷绕→UDY。

工艺流程说明如下。

① 熔融挤出　切片熔融，并产生一定压力。

② 混合　强化熔体的均匀性。

③ 计量　保证丝条纤度均匀。

④ 过滤　除去杂质，改善熔体的流变性能。

⑤ 纺丝　形成熔体细流。

⑥ 冷却成型　熔体细流被冷却介质冷却，凝固成丝条，并逐步细化。

⑦ 上油　润滑，增加纤维抱合力，抗静电。

⑧ 卷绕　卷绕速率即为纺丝速率，卷绕丝提供给后纺加工。

【任务实施】

一、熔融工艺

螺杆各区温度：涵盖1个冷却区，5个加热区的温度。

（1）冷却区温度　50～100℃；夹套通冷却水；进料段前半部。

作用：防止环结堵料（软化切片黏结于螺杆），保护螺杆传动部分不受热。

（2）预热段区温度　熔点+265～285℃；加热一区和加热二区前半部。

作用：预热切片，使物料进入压缩段时温度能升高到聚合物熔点以上，又要求切片不能过早熔化。温度升高→切片在到达压缩段前过早熔化→原来固体颗粒间的空隙消失→熔体体积＜原固体堆砌体积→熔体在等深螺杆内无法压紧压实→熔体向前推动力下降→后面来的未熔化的切片黏结在熔体上造成环结温度下降→切片进入压缩段后不能顺利熔融→切片在压缩段内堵塞。

（3）熔融区温度　熔点+25～35℃→290～295℃；加热二区后半部和加热三区（加热三区温度最高）。

作用：熔融物料，产生机头熔体压力（螺杆螺槽由深变浅→螺槽容积下降→挤压作用），排除切片夹带空气及微量水蒸气（从进料口）。

（4）均化区温度　熔融区温度-2～5℃→288～292℃；加热四区和加热五区。

① 作用　熔化、混合、均化，保持压缩区已建立的熔体压力；稳定均匀输送熔体。

② 备注　要提高纺丝熔体温度用提高均化区温度的方法最有效（此区熔体强制传热）。

二、熔体输送

（1）法兰区温度　小于均化区温度；280～292℃。

① 作用　连接螺杆与弯管。

② 影响　法兰本身较短→熔体停留时间短→对纺丝熔体温度影响小→保证熔体在此不冻结。

（2）弯管区温度　接近或低于熔体温度；熔点+14～20℃；275～280℃。

① 作用　输送熔体。

② 影响　温度升高→弯管本身较长→熔体停留时间长→聚合物热降解升高→熔体流动性升高→纺丝有利。

（3）纺丝箱体温度　熔点+18～34℃；290～295℃。

① 作用　通过熔体分配管输送和分配纺丝熔体到各个纺丝部位；保温和补充加热。

② 影响　温度升高→纺丝成型增加→热降解能力增加→熔体喷出喷丝孔时易黏附喷丝

板→纺丝组件更换率增加，温度下降→热降解能力下降→纺丝熔体温度下降→熔体在喷丝孔中的剪切应力增加→熔体破裂→丝条断面不匀（甚至不能纺丝）→拉伸时产生毛丝、断头。

三、纺丝温度（纺丝熔体温度）

① 范围 聚合物熔点＜纺丝温度＜聚合物分解点；258～265℃＜纺丝温度＜300℃。

② 最适 285～290℃

③ 影响 同纺丝箱体温度。

四、喷丝条件

1. 螺杆挤出压力

① 定义 螺杆挤出机出口的熔体压力；由压力传感器测量显示和控制。

② 作用 克服熔体在管道和混合器等设备内的阻力，保证计量泵入口有一定的熔体压力。

③ 范围 $65\times10^5\sim75\times10^5$ Pa

2. 泵供量

① 定义 计量泵单位时间内输送熔体的重量。

② 工艺要求 熔体压力稳定（螺杆转速稳定）→熔体挤出量稳定（泵供量稳定）→纤维纤度稳定（纤维条干稳定）。

3. 组件压力（纺丝熔体压力）

① 定义 喷丝头组件中的熔体压力。

② 作用 克服熔体通过过滤层和喷丝孔丝受到的阻力。

③ 范围 $98\times10^5\sim245\times10^5$ Pa（高压纺丝）。

④ 工艺要求 $98\times10^5\sim147\times10^5$ Pa。升压速度：应小于6‰（否则组件使用寿命缩短）。

五、丝条冷却固化条件

1. 冷却吹风方式

① 直吹风 传热差，冷却效果差，不用。

② 横吹风 单面侧吹风（涤纶长丝）、双面侧吹风、环形吹风（涤纶短纤）。

2. 工艺控制

(1) 风温

① 范围 20～30℃，组件调换率、卷绕丝双折射率；卷绕丝条干不匀率最低。

② 风温的影响 风温升高→熔体丝条冷却不充分→并丝、黏结丝增加→卷绕丝条干不匀率升高；风温下降→熔体在喷丝孔处快速冷却→拉伸应力增加→初生纤维预取向度增加，径向双折射率差异大→纺丝性下降→能耗大。

(2) 风湿

① 范围 65%～80%；风湿对卷绕丝双折射率和纺丝稳定性影响大。

② 风湿的影响 冷却风带湿度→卷绕丝在纺丝甬道中的带电下降→飘丝下降→空气比热容和热焓上升→纺丝甬道中冷却风和丝束温度恒定。

(3) 风速（风量）

① 范围 0.3～0.5m/min（长丝）；0.3～0.4m/min（短纤）

② 影响 风速升高→冷却效果增强→凝固点向喷丝板方向移动→形变区变短→熔体凝

固前受到的拉伸取向下降→卷绕丝双折射率下降→室外空气干扰下降→卷绕丝条干不匀率下降→染色不匀率下降。

风速增加→丝条晃动增加→飘丝→卷绕丝条干不匀率增加（高速纺没有影响）。

环吹风和侧吹风对卷绕丝不匀率的影响见表 2-6

表 2-6 环吹风和侧吹风对卷绕丝不匀率的影响

吹风条件及卷绕丝不匀率	环形吹风		侧吹风	
风温/℃	24～26	24～26	27	27
风速/(m/s)	0.3	0.4	0.34	0.42
直径不匀率/%	5.3	3.0	11.7	14.0
双折射不匀率/%	9.2	6.7	15.6	15.1

（4）吹出距离（缓冷区）

① 定义 吹风口顶部到喷丝板面的距离。

② 目的 设置缓冷区→熔体在喷丝孔处慢速冷却→拉伸应力下降→初生纤维预取向度下降→径向双折射率差异小→纺丝性升高。

③ 范围 30～200mm。

④ 影响 吹出距离增加→卷绕丝双折射率下降→卷绕丝条干不匀率下降→断丝率上升→组件调换率上升。

⑤ 吹风面高度 单面侧吹 30～70cm；环吹 20cm。

六、卷绕工艺控制

1. 上油

① 目的 消除静电，防止绕辊；增加丝束的平滑性，防止丝束在导丝辊处产生毛丝，增加丝束抱合力，防止丝束松散。

② 方法 油轮上油。

③ 范围 依用途而定。

④ 影响 油剂浓度升高、油盘转速上升→上油量升高→含油率升高，平滑性下降，抱合性及抗静电性上升，上油量升高→含油率升高→丝条间的集束性下降→卷绕丝筒成型差→丝条后加工产生粉末升高，发烟量升高→丝条后加工打滑→成品物理力学性能下降。

2. 纺丝（卷绕）速度

① 定义 第一导丝盘（辊）速度。

② 范围 900～2000m/min。

③ 影响 纺速升高→纺丝线上速度梯度升高、丝束与冷空气的摩擦阻力升高→卷绕丝预取向度升高（双折射升高）、后拉伸倍数下降，纺速下降→丝束张力下降→卷绕时发生跳动→纺丝稳定性下降、并丝升高。

3. 喷丝头拉伸比

① 定义 第一导丝盘速度与熔体喷出速度之比。

② 影响 喷丝头拉伸比上升→后拉伸倍数下降→对卷绕丝预取向度影响小（喷丝头拉伸是在熔体细流未完全固化下发生的，由于热松弛，大分子取向是可逆的）。

③ 范围 80～200。

4. 卷绕车间温湿度

① 范围　20～27℃；60％～75％相对湿度。

② 原因　初生纤维吸湿均匀、卷装成型好。

七、常见故障及处理情况

异常现象	产 生 原 因	排 除 方 法
飘单丝	a. 熔体含水量高 b. 聚酯特性黏度不够 c. 喷丝板不干净 d. 组件压力偏低 e. 熔体温度过高	a. 降低干切片含水量 b. 调整螺杆各区温度,增加混合效果 c. 铲板或换组件 d. 调整组件组装方式 e. 降低箱体温度及挤压机加热温度
注头丝或硬丝	a. 新装组件温度不够 b. 熔温不当 c. 侧吹风冷却过快 d. 熔体与喷丝板剥离不好	a. 检查预热温度,延长预热时间 b. 调整熔温 c. 关好缓冷板,调整风速 d. 喷硅油、铲板
集束不良	a. 油剂性能不好 b. 上油不足 c. 侧吹风速大	a. 改换油剂 b. 调整油嘴及油泵转速 c. 调整风速
毛丝	a. 熔体含水、含杂质 b. 喷丝板脏 c. 导丝器有损伤 d. 熔体特性黏度低	a. 强化干燥工艺,提高过滤 b. 铲板、更换组件 c. 更换、调整 d. 降低熔温
丝条晃动大	a. 侧吹风速过大或过小 b. 卷绕间倒加风 c. 侧吹风网堵塞	a. 调整风速 b. 正确控制卷绕间、纺丝间风压 c. 清洗风网
并丝	a. 熔温过高 b. 侧吹风冷却不好 c. 喷丝板不净 d. 喷丝有弯头丝	a. 调整熔温 b. 调整风速、降低风温 c. 铲板、换组件 d. 换组件
纤度偏差	a. 计量泵吐出异常 b. 组件漏浆 c. 组件堵孔飘丝 d. 分丝错误	a. 校验换泵 b. 换组件 c. 换组件 d. 检查纠正
含油不均匀	a. 上油嘴堵 b. 油剂浓度波动 c. 丝束与油嘴接触不当	a. 捅油嘴 b. 分析处理 c. 调理接触位置
绊丝	a. 若是大量出现可能是超喂调整不当 b. 兔子头、换向轴问题 c. 油剂性能或上油量问题	a. 工艺调整超喂 b. 找保全调整 c. 换油剂品种,调上油量
油污丝	a. 机械油污、卷绕头卡盘 b. 人为油污	a. 清除 b. 操作时小心
尾丝	a. 气动调节时间不当 b. 纸管长度原因 c. 操作原因	a. 找保全调整 b. 换纸管槽等 c. 按操作规程操作

【任务评价】

序号	学习目标	评价内容	评价结果				
			优	良	中	及格	不及格
1	掌握纺丝机各部分的结构与作用	螺杆机压机结构与作用					
		纺丝箱体结构与作用					
		吹风窗口的结构与作用					
		卷绕上油作用					
2	掌握纺丝机各部分的工艺条件	熔融工艺					
		纺丝温度					
		泵供量					
		风速					
		卷绕速度					
3	常见异常故障及处理	不合格产品原因及处理办法					

【任务拓展】

涤纶高速纺丝→POY 预取向丝生产。

高速纺丝与常规纺丝比较：纺丝卷绕速度高，为 3200～3500m/min

1. POY 定义

采用高速纺丝得到高取向、低结晶结构的卷绕丝。

2. 高速纺特点

① 提高纺丝机产量　纺速升高→喷丝孔吐出量增加→单机产量增加。

② POY 结构稳定：纺速升高→高取向→结构稳定。

③ 纺丝中抗外界干扰强：纺速升高→纺丝张力增加→抗外界干扰增加。

④ POY 适合用内拉伸法生产 DTY。

3. POY 性能

① 取向度　双折射率为 0.025～0.06，双折射率升高→大分子的超分子结构完整→后加工性能差；双折射率下降→纤维结构不稳定。

② 结晶度　越低越好，1%～2%，POY 结晶度升高→后拉伸应力增加→成品纤维毛丝。

③ 断裂伸长率　70%～180%（此时 POY 的加工性好）。

④ 条干不匀率　乌斯特值<1.2%，乌斯特值升高→成品纤维不匀率增加。

⑤ 含油率　0.3%～0.4%

任务五　涤纶长丝后纺岗位操作

【任务介绍】

涤纶长丝后纺岗位也就是后加工岗位，包括牵伸加捻、假捻变形、热定型、络丝、包装。初生纤维经过恒温恒湿平衡后，根据产品需求，经过后加工，使 POY、UDY 转变为 FDY、DTY。

【相关知识】

一、拉伸

1. 拉伸

卷绕丝（UDY）强度低，伸长大，尺寸稳定性差，无实用价值→拉伸＋热定型→取向度升高、结晶度升高→力学性能增加。

2. 拉伸原理

通过一罗拉与二罗拉之间的速度差来实现，一罗拉速度慢，二罗拉速度快，就实现了丝在一、二罗拉之间的拉伸，两个速度的比就是拉伸比。

二、假捻加弹原理

1. 假捻

固定丝的两端，握住其中间加以旋转，在握持点上、下两端的丝条捻向相反而捻数相等→整根丝捻度为零。丝条以一定速度 v 运行，则在握持点以前的捻数为 n/v，在握持点以后，以相反捻向（n/v）移动，因此，在握持点以后区域内的捻数为零。丝条不存在真正的捻度，称为假捻。而它的卷曲形状和蓬松性却保留了下来。

2. 加热和冷却

（1）加热　加捻阶段加热→分子热运动→消除加捻扭曲而产生的扭曲应力→加捻形变不可恢复→丝条受热后塑性升高→刚性下降→加捻张力下降→便于加捻。

（2）冷却　丝条→冷却到 T_g（80℃）→假捻器→加捻后的形变已固定，虽经解捻，但每根单丝仍保留原有的卷曲状态（膨松、有弹性）。

3. 再加热

一次加热的假捻丝（弹性大，扭矩大，不经并捻合股，很难上机织造）→解捻后第二次加热定型→低弹性下降，残留扭矩小，卷曲稳定。

三、加弹工艺流程

UDY→剪丝器→第一罗拉→变形热箱→冷却板→假捻器→第二罗拉→定型热箱→（网络嘴）→第三罗拉→上油罗拉→卷绕罗拉→卷绕→分级检验→包装入库。

【任务实施】

一、牵伸岗位操作

1. 卷绕丝的平衡

目的：使丝筒各层纤维间的含水、含油均衡→后拉伸时毛丝减少，断头减少，使初生纤维内部结构应力松弛→结构均匀稳定→有利于后拉伸。

（1）平衡温度 22～28℃　温度下降→消除内应力时间延长，温度上升→破坏纤维结构，卷绕丝老化（拉伸应力增加、断头、绕辊）。

（2）湿度（空气相对湿度为 80%）　空气湿度上升→破坏纤维结构，卷绕丝老化（拉伸应力增加、断头、绕辊）；空气湿度下降→卷绕筒表面水分蒸发增加→卷绕筒内外水分不同→染色不匀率升高。

（3）时间 6～24h（最多不超过 5 天），影响与温度相同。

2. 拉伸倍数

拉伸倍数会直接影响成品丝的强、伸度和纤度等。拉伸倍数高，成品丝条强度高，伸度低，纤度小，一般控制在 3.5～4.2 之间。

3. 拉伸温度

高于玻璃化温度 T_g 10～20℃，一般为 80～90℃。

4. 拉伸速度

一般在 800m/min 以上。

5. 定型

目的：通过热定型，可以消除内应力，使拉伸性能稳定，同时还可使丝条进一步结晶，强化其物理性能。可用热板定型，温度为 180℃。

二、加弹岗位控制参数与工艺卡片（以加弹机型号 FK6V-1000 为例）

1. 车速 YS（YARN SPEED）

33H、FK6Ⅱ、FK6Ⅴ-1000 等机型都是以 FR2 的速度为基准，即为车速，用 m/min 表示。

2. 拉伸比 DR（DRAWRATIO）

$$DR = \frac{FR2 \text{速度（转速）}}{FR1 \text{速度（转速）}}$$

按拉伸、假捻结合加工的方法，可分为外拉伸变形法和内拉伸变形法两种。

（1）外拉伸变形法 拉伸和假捻在同一台设备上分两个区域来完成，先拉伸再假捻。由于拉伸发生在假捻区外，故称为外拉伸法。

（2）内拉伸变形法 拉伸和假捻在同一台设备上分两个区域来完成，这种加工方法称为内拉法。

目前外拉伸变形法应用较少，大多数厂家为提高效率而引进的设备一般均采用内拉伸变形法生产。

3. 速比 VR（velocity ratio）或 D/Y（disc/yarn speed）比

$$VR = \frac{\text{假捻皮器圈的表面速度}}{FR2 \text{罗拉的表面速度（YS）}}$$

$$D/Y = \frac{\text{假捻器摩擦盘的表面速度}}{FR2 \text{罗拉表面速度（YS）}}$$

VR（D/Y）的作用：保证了 DTY 的假捻效果，使其具有一定的卷曲和蓬松，D/Y 及 VR 决定了 DTY 的捻数，VR（D/Y）大，假捻度越大，则卷缩力越大，卷缩越细密而多，外观也越丰满。因此，可通过它对 DTY 的外观、密度、毛丝、紧点等进行调控；但在一定范围内对丝的强度、伸度、卷缩率、卷曲稳定度特性影响较小。另外，VR（D/Y）增加，DTY 的上染率略有下降。

4. 第一热箱温度或上热箱 H_1 温度（heater₁）

H_1 温度也叫变形温度，它的作用是：丝条如果在低温状态下硬性拉伸，由于纤维的拉伸应力（屈服强度）较高，单丝表面容易破裂，内部也可能出现空洞，产生毛丝和断头。涤纶长丝的分子链需在一定热量的情况下才具有一定的活动性，而它的活动程度与温度有关，温度越高，活动性越强。

因此，利用纤维的这种热塑性，在具有一定温度条件下拉伸，才能使纤维变形得以充分。经过第一热箱处理后的丝具有高弹性，卷缩率高，卷曲稳定性差，称为高弹丝。

5. 冷却板的作用（cooling plate）

冷却板的作用是把丝条的塑性形变固化下来，由于经过第一热箱后的丝条温度较高，刚性不足，故需将丝条经冷却板至80℃以下，使其具有足够的刚性，保证加捻的正常进行。

冷却效果由车速、POY油剂性能及含油率、冷却板长度、车间环境温度、通风条件、气候等因素息息相关。

6. 第二热箱或下热箱 H_2（heater$_2$）

H_2温度也叫定型温度，它的作用是：变形丝在第二热箱中处于低张力状态，假捻产生的卷曲丝圈有自由收缩的机会。卷曲力弱的丝圈会因收缩而消失掉，变形丝的卷曲性能降低。但通过定型加热可进一步消除内应力，而使卷曲更加牢固，尺寸稳定性变好，残余扭矩减小。加之结晶的进一步完善，沸水收缩率降低。变形丝也由高弹态转为低弹态，称为低弹丝。

7. 第二超喂 OF_2（over feed$_2$）

$$OF_2 = \frac{FR_2 \text{表面速度} - FR_3 \text{表面速度}}{FR_2 \text{表面速度}} \times 100\%$$

在第二热箱内丝条发生一定的收缩，它的大小与OF_2有关，OF_2越高，DTY越接近松弛状态下的热定型，丝的收缩率越高，内应力松弛越彻底，DTY的卷上缩率降低越大；但OF_3过大，残余扭矩会偏高。若开网络丝，OF_2的控制就要求比常规丝低些，以丝在FR_2及喷嘴处不飘丝为好，并考虑客户对网络度的要求和退绕性能等方面来把握。

8. 第三超喂 OF_3（over feed$_3$）

$$OF_3 = \frac{FR_2 \text{表面速度} - WR(\text{卷绕摩擦辊})\text{表面速度}}{FR_2 \text{表面速度}} \times 100\%$$

OF_3主要是控制丝的卷绕张力，保证丝锭具有一定的卷径、成型和硬度，还能调控上油量。工艺调整时，要考虑包装尺寸和退绕的要求。

9. 上油（oiling）

DTY上油的目的：保证丝具有较好的平滑性、集束性和抗静电性。这样可以减少DTY丝的摩擦系数和上油率；丝锭的卷绕成型、退绕性能更加良好，才能满足织造的要求。

10. 网络原理和作用（interlacing）

（1）网络原理 当丝在喷嘴丝道中通过时，受到与丝垂直的喷射气流的横向撞击，产生与丝条平行的涡流，使各个单丝产生纠缠和振动，如此循环往复，丝条不断地被开松、交络、缠结，从而形成缠结点。由于不同的区域涡流的流体速度不同，以及车速的影响，因此形成周期性的网络间距和网络结点。

（2）网络的作用 可以省掉织造中的并丝、加捻、上浆等工序，也中免浆丝。它可以大幅度地提高丝条的退绕速度，降低断头率，增强复丝中单丝的抱合力，以利于织造加工的顺利进行和缩短加工工序。同时，织物有一定的型感，不易起毛起球。

11. 落筒时间和理论产量的计算

$$\text{落筒时间} = \frac{\text{卷装质量(g)} \times 10000 \times N}{\text{实际纤度(dtex)} \times \text{车速(m/min)}} \times 100\%$$

式中 N——修正系数，一般取1.02左右。

$$单锭理论日产量=\frac{1\times YS\times 60\times 24\times 纤度(dtex)}{10000\times 1000\times N}(kg)$$

式中　　N——修正系数，同上取 1.02 左右。

$$整机理论日产量=\frac{YS\times 60\times 24\times 纤度\times 锭数\times M}{10000\times 1000\times N}(kg)$$

式中　　N——修正系数，取 1.02 左右；M——机台效率。

12. 工艺卡片（M 型机）

111dtex/72fDTY 工艺卡片见表 2-7。

表 2-7　111dtex/72fDTY 工艺卡片

序　号	项　　目
1	车速：$V=V_2=750m/min$
2	$D/Y=1.95$
3	锭组组合（6mm 1-7-1）
4	$H_1=195℃$
5	$H_2=160℃$
6	$OF_2=6.0\%$
7	$OF_3=5.0\%$
8	$Oil=2r/min$
9	$\theta=28°$
10	$T_2/T_1=1.05$
11	$T_3=25g$

【任务评价】

序号	学习目标	评价内容	评价结果				
			优	良	中	及格	不及格
1	掌握加弹机主要构件的作用	变形热箱、冷却器、定型热箱的作用					
		喂丝罗拉、中间罗拉、第三罗拉的作用					
		假捻器的作用					
		检丝器、剪丝器、吸丝器的作用					
2	掌握牵伸、加弹的主要工艺条件	初生卷绕丝平衡温度、湿度、时间					
		拉伸倍数、温度、速度					
		H_1、H_2 温度					
		DR、D/Y					
		OF_2、OF_3					

【知识拓展】

DTY 批号代码制度。

1. 批号代码含义（ABCD）

A 代表机型、B 代表纤度、CD 代表批号序号。

2. 机型划分（A）

不同机型代码见表2-8。

表2-8　不同机型代码

机　型	代　码	机　型	代　码
FK6V-1000	1	FK6Ⅱ-900(9mm PU)	6
33H S+Z	2	FK6M-1000	7
33H、TMT	3	3V3	8
FK6-700	4	MPS	9
FK6I-900(6mm PU)	5		

3. 纤度划分（B）

不同纤度代码见表2-9。

表2-9　不同纤度代码

纤　度	代　码	纤　度	代　码
100D	1	50D(包括55D)	5
200D(包括250D)	2	600D	6
300D	3	75D	7
400D(450D)	4	150D	8

4. 举例说明

（1）Barmag　如FK6V-1000生产的第一个150D产品，其代码为：1801。其中：第一位1代表FK6V-1000；第二位8代表150D；01代表FK6V-1000机台生产的第一个150D产品。

（2）33H普通机台　生产某个300D产品，如代码为：3306。其中：第一位3代表33H单喂入机台；第二位3代表300D产品；06则代表33H单喂入机台生产的第6个300D产品。

任务六　涤纶短纤后纺岗位操作

【任务介绍】

涤纶短纤维后加工生产装置由集束、牵伸、叠丝、定型、卷曲、切断及打包等工序组成，将原丝加工成为线密度、断裂强度、断裂伸长率、卷曲数、卷曲度、上油率等品质指标都达到要求的涤纶短纤维。

【相关知识】

一、工艺流程简介

1. 棉型

集束架→上导丝架→分丝架→七辊导丝机→浸油槽→第一牵伸机→牵伸浴槽→第二牵伸

机→蒸汽加热箱→紧张热定型→喷淋冷却→第三牵伸机→叠丝机→三辊牵引机→张力架→蒸汽预热箱→卷曲机→铺丝机→松弛热定型机→捕结器→曳引张力机→切断机→打包机。

2. 中空

集束架→上导丝架→分丝架→七辊导丝机→浸油槽→第一牵伸机→牵伸浴槽→第二牵伸机→蒸汽加热箱→第三牵伸机→喷淋上油机→叠丝机→三辊牵引机→张力架→蒸汽预热箱→卷曲机→冷却输送带→捕结器→喷油机→曳引张力机→切断机→松弛热定型机→打包。

LVD801 短纤维加工联合机工艺流程示意如图 2-10 所示。

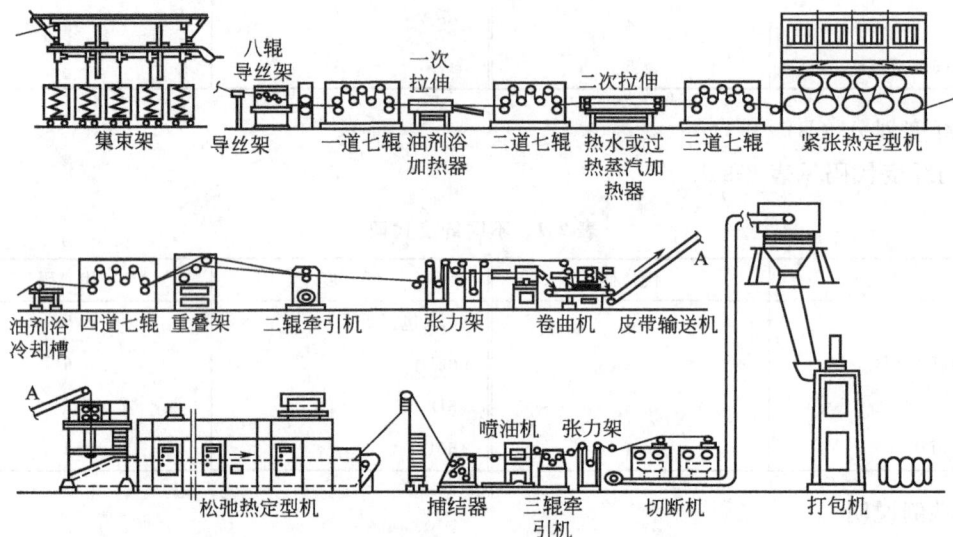

图 2-10　LVD801 短纤维加工联合机工艺流程示意

二、后加工各组成部分的作用和要求

工序	主要作用	要求	措施
集束	将盛丝桶中的丝条均匀排列成一定宽度的丝束,供拉伸使用	张力均匀可调;防止丝条下垂,防止结头通过;操作方便	设张力调整器;设丝条下垂、结头警报自停装置;带升降机构
浸油	减少纤维间摩擦,易于理直丝束	浸油均匀;防止泡沫过多	油浴循环、恒温;设消泡装置
导丝机	保证丝束拉伸均匀	张力均匀,可调	采用可调式电磁涡流阻尼机构调节
拉伸	提高纤维强度、降低伸度	达到一定的拉伸倍数,满足纤维质量要求;拉伸比一定,防止质量波动,根据工艺要求速比调节方便;拉伸点固定,保证质量稳定;防止毛丝、缠辊	采用两段拉伸;增加辊数或夹持机构,减少打滑;严格控制拉伸温度等工艺条件;选择最合适的工艺条件
紧张热定型	分干燥和定型两段,在不影响纤维强度的情况下提高耐热性	辊温符合干燥、定型要求,受热均匀,温度调节方便;防止毛丝、缠辊;张力可调;保持定型时间稳定	采用多辊热定型机,丝条两面受热均匀,并分段加热;辊筒可以调节速度;力求车速恒定
上油冷却	冷却丝束,上油,使成品在纺纱中防止静电	纤维上油均匀,防止泡沫过多	油浴浓度稳定;油浴液面稳定

工序	主要作用	要求	措施
叠式收束	减少丝束宽度,准备卷曲处理	三层重叠,厚薄均匀,达到规定宽度,并和卷曲机中心对准	采用三辊重叠受束架
张力调节	保证卷曲张力稳定	均匀,紧张	一般为(0.16 ± 0.04)cN/dtex
卷曲	使纤维卷曲,提高纺纱性能和成纱强力	卷曲均匀、稳定,丝边整齐;提高运转效率	采用自转侧板
松弛热定型或冷却吹风定型	起烘干和定型作用,提高纤维的耐热性;使卷曲后热纤维充分冷却,使卷曲良好	铺丝均匀;干燥定型效果好;冷风均匀	采用合适的铺丝装置,减少热风短路;金属网整形良好
捕结牵引	防止结头进入切断机	灵敏	用结头自动检测装置
喷油	增加纤维含油,提高可纺性	雾化、均匀	防止油直接滴在丝束上
张力调节	保证切断长度恒定	均匀	张力适当
切断	将纤维切成规定长度,供纺纱用	切断长度均一;超长、倍长纤维少;纤维开松度好;切断刀寿命长	严格管理,调试;设转换挡板,不合格部分易排出;提高刀刃材质,改进刀刃磨角
打包	制成一定重量的成品包	计量正确,操作方便	自动计量,自动操作;采用强压缩打包

【任务实施】

一、岗位工艺

1. 初生纤维的存放和集束

(1) 存放的目的 刚成型的初生纤维,起初结构不太稳定,需一段时间存放平衡使内应力减小和消失,并使卷绕时所上的油剂得到均匀扩散,从而改善拉伸性能。一般在恒温、恒湿下存放 8~24h。

(2) 集束 把若干个盛丝筒的丝条合并,集中成工艺规定粗度的大股丝束,以便进行后加工。

2. 拉伸

(1) 设备 导丝机、拉伸机、加热机。

(2) 拉伸工艺 分两级拉伸。

① 温度 第一级在 T_g 以上,70~90℃;第二级为 150~180℃。

② 拉伸速度 一般出丝速度为 140~180m/min。

③ 拉伸倍数 纺丝速度为 1000m/min 时,拉伸总倍数是 4 倍左右。其中第一段控制在 3.5~3.8 倍之间,第二段控制在 1.2 倍左右。

纺丝速度增加时,总拉伸倍数应适当降低。

3. 热定型

消除纤维内应力,提高纤维的尺寸稳定性,并且进一步改善其物理力学性能。使拉伸和卷曲效果固定，并使成品纤维符合要求。

4. 卷曲

（1）目的　通过卷曲，增加纤维间的抱合力。

（2）方法　在热水或水蒸气加热下，通过机械挤压获得卷曲效果。一般棉型纤维为5～7个曲/cm，毛型为3～5个曲/cm。

5. 切断和打包

短纤维切断长度由纤维品种而定：棉型纤维为38mm；毛型纤维为90～120mm；中长纤维为51～76mm

打包是涤纶短纤维生产的最后一道工序，将短纤维打成一定规格和重量的包，以便运送出厂。

二、岗位工艺卡片

1.33dtex高强低伸涤纶短纤维主要工艺参数见表2-10。

表2-10　1.33dtex高强低伸涤纶短纤维主要工艺参数

项　　目	工　艺　参　数		
生产负荷/(t/d)	56	57	58
纺丝速度/(m/min)	1212	1221～1233	1245
环吹风温/℃	24.5±3.5	24.5±3.5	24.5±3.5
环吹风压/Pa	270±30	270±30	270±30
纺丝温度/℃	290±2	290±2	290±2
集束桶数/桶	18±2	18±2	18±2
DB温度/℃	58±2	58±2	58±2
DF31# 压力/MPa	0.65～0.8	0.65～0.8	0.65～0.8
DF32# 压力/MPa	1.2～1.4	1.2～1.4	1.2～1.4
DF33# 压力/MPa	1.5～1.55	1.5～1.55	1.5～1.55
HR压力/MPa	0.8～0.9	0.8～0.9	0.8～0.9
DR1	1.1443～1.1676	1.1443～1.1676	1.1443～1.1676
DR2	3.1923～3.2568	3.1923～3.2568	3.1923～3.2568

三、岗位操作法

集　束	牵　伸	卷　绕	切　断
1. 开车前准备工作 （1）检查各导丝辊、导丝器有无毛疵、磨损，发现异常及时和有关人员联系，进行处理 （2）检查丝桶是否按顺序排放整齐，同时检查原丝成型是否良好 2. 引头操作 （1）将每桶原丝头引出，搭在各桶上导丝架上	1. 开车前准备工作 （1）检查油水槽、牵伸辊加热箱的清洁情况 （2）依据工艺要求开启各槽加热系统，将水温加热至工艺要求温度 （3）开启各循环环泵，检查水温、油浓度是否符合工艺要求，不符合工艺要求，应做调整 （4）通知控制台，启动牵伸机，并检查是否有异响声	1. 开车前的准备工作 （1）检查卷曲刀、卷曲轮四周是否有异物 （2）通知控制台，启动卷曲机，检查机器运转是否正常 （3）检查压缩空气、水管部分是否畅通 （4）检查卷曲工作台是否有漏油、漏气、漏水现象 （5）检查气缸部分上、下活动是否灵活	1. 切断运转准备操作 （1）检查链板与切断机之间各导丝器、导丝辊有无伤痕及毛疵 （2）检查有无漏气现象 （3）检查压气气源、曳引加压是否达到工艺设定值 2. 引头操作 （1）抬起曳引辊和切断机导丝压辊 （2）从弛热定型出口处链板上将丝束头引到各导丝器、曳引辊及切断机前

续表

集　束	牵　伸	卷　绕	切　断
	（5）从慢速开到快速,再从快速开到慢速,检查机器升降是否正常 （6）检查现场紧急停车开头是否可靠 2.牵伸机升头操作 （1）牵伸机具备开车条件后,启动烘干定型机风机,打开该机加热至工艺要求的温度 （2）将分片丝束通过头道水槽,绕过八辊导丝机各辊 （3）当牵伸机组慢速运转时,用手紧拉住总丝束头,依次绕过头道牵伸机各辊槽后,根据工艺要求压上压辊 （4）拉紧总丝束,依次绕过第二道牵伸机各辊 （5）打开蒸汽加热箱上盖,将丝束通过蒸汽加热箱后关闭,并打开蒸汽阀门（可自动控制） （6）将丝束依次绕过第三道牵伸机各辊,至叠丝机 （7）将丝束拉到卷曲,剪去未牵伸部分的丝头 （8）待丝束有足够卷曲升头长度时,停止伸机组运行 （9）从前到后检查一次各机升头情况,确认升头完毕后,通知控制室开车工进行牵伸	（6）将主压、背压和卷曲箱冷却水温度,调至工艺设定值 （7）准备好侧板及引头的工器具,并放在指定的地点 （8）检查卷曲刀是否有缺口,卷曲轮是否有手刺,侧板是否有伤痕现象 （9）张力机、导丝辊有无毛疵、伤痕等现象,并观察其活动是否灵活 2.开机引头操作 （1）牵伸送来的丝束 （2）转动主压气缸旋转阀压紧丝束,转动侧板气缸旋转阀,使侧板顶卷曲轮面 （3）通知控制台开机,在车速处于慢速时,要观察卷曲机出口处丝束的情况。出丝要求不偏,卷曲度要均匀,否则通过牵伸调节叠丝机,待丝束卷曲正常,通知控制升速 （4）引头时的不良丝束做好标记或打结 （5）卷曲机正常运转后,检查主背压是否符合工艺要求。同时,检查冷地水的流通是否良好	（3）将丝束头喂入槽盘之间,然后将曳引辊和切断导丝压辊压下 3.开车操作 （1）将下丝输送控制转换至废丝位置 （2）通知打包岗位,准备开车 （3）再检查一遍插入切断入口槽之间的丝束和各导丝辊上的丝束有无脱落 （4）慢速启动切断机的联动开关,将不良纤维输送到废丝桶 （5）当丝速切割正常后,将下丝输送控制转换到"输送"位置,使丝下到送丝风筒口 （6）切断机组运转正常之后,将切断速度调至工艺设定值
（2）将各桶丝束通过导丝辊、导丝棒、张力调节架、导丝棒、环形导丝器,并力求丝束平行排列,不交叉,张力均匀一致 （3）将丝束穿过梳状导丝器,在头道水浴槽中分成三片丝束			

【任务评价】

序号	学习目标	评价内容	评　价　结　果				
			优	良	中	及格	不及格
1	掌握涤纶短纤维各工序的主要作用与工艺参数	集束作用					
		拉伸作用,拉伸速度、温度、倍数					
		卷曲作用					
		热定型作用与热定型温度					
		切断要求					
2	掌握涤纶短纤维岗位的操作要点	集束引头操作要点					
		牵伸机升头操作要点					
		卷取机引头操作要点					
		切断机引头操作要点					

【知识拓展】

PBT 弹性纤维（T300）简介

由 PBT 制成的纤维具有聚酯纤维共有的一些特性，但由于在 PBT 大分子基本链节上的柔性部分较长，因而使 PBT 纤维的熔点和玻璃化温度较普通聚酯纤维低，导致纤维大分子链的柔性和弹性有所提高。因而，PBT 纤维又具有其自身的一些特点，如弹性和染色性较好等，又可称 PBT 弹力丝。

1. 产品特性

① 具有良好的耐久性、尺寸稳定性好较好的弹性，而且弹性不受温度的影响。

② 纤维及其制品的手感柔软，吸湿性、耐磨性和纤维卷曲性好，拉伸弹性和压缩弹性极好，弹性回复率优于涤纶，在干湿态条件下均具有特殊的伸缩性，而且弹性不受周围环境温度变化的影响，价格远低于氨纶纤维。

③ 具有良好的染色性能，可用普通分散染料进行常压沸染而无需载体。染得纤维色泽鲜艳，色牢度及耐氯性优良。

④ 具有优良的耐化学药品性、耐光性和耐热性。

⑤ PBT 与 PET 复合纤维具有细而密的立体卷曲和优越的回弹性，手感柔软及优良的染色性能，是理想的仿毛、仿羽绒原料，穿着舒适。

2. 产品用途

PET 弹性纤维近年来受到纺织行业的普遍关注，在各个领域中得到了广泛应用，特别用于制作游泳衣、连裤袜、训练服、体操服、健美服、网球服、舞蹈紧身衣、弹力牛仔、滑雪裤、长袜、医疗上应用的紧绷带等高弹性纺织品。

腈 纶 生 产

　　腈纶是聚丙烯腈纤维的商品名称，通常是指是含丙烯腈85％以上共聚物溶液凝固后经过机械加工而成的纤维，是溶液纺丝的典型产品，聚丙烯腈的英文缩写为PAN，是腈纶的成纤高聚物。腈纶是世界产量第三、应用广泛的合成纤维品种，我国2011年合纤的产量为3096万吨，其中腈纶纤维的产量达69.96万吨，所占比例为2.3％，同年进口19.5万吨，存在很大缺口。腈纶纤维有许多优点，蓬松、保暖性好、手感柔软、近似羊毛，而且具有优良的耐光性和耐辐射性。但其强度不高，耐磨性和抗起球性较差。我国腈纶绝大部分用于服装、装饰制品、人造毛皮等纺织品，工业和其他领域的用量很少。目前棉型腈纶需求约占总量的30％左右，主要用于生产纺织纱线和布；占总量近70％的毛型纤维多用于加工绒线、仿毛地毯、人造毛皮等。随着市场对腈纶产品质量和性能要求的提高，腈纶差别化纤维的需求量越来越大。目前高收缩、抗起球、扁平、细旦、易染的毛毯、服装、人造毛皮等很多领域都广泛采用，市场对差别化纤维的需求约占总需求量的25％，而国产差别化腈纶在数量和质量上还不能满足国内市场的需求，因此近些年我国进口的差别化纤维在腈纶进口总量中的比例不断提高。

　　部分企业腈纶产品的生产能力见表3-1。

表3-1　部分企业腈纶产品的生产能力

生产企业	生产能力/（万吨/年）
吉林奇峰化纤股份有限公司	14
浙江金甬腈纶有限公司	6
齐鲁石化公司腈纶厂	6
中国石化股份有限公司安庆分公司腈纶厂	7
中国石化上海石油化工股份有限公司	15

任务一　认识腈纶生产装置和工艺过程

【任务介绍】

　　某腈纶厂生产能力为6万吨/年的腈纶产品包括丝束、短纤和毛条，采用德国杜邦公司技术即DMF两步干法纺丝技术，由单体丙烯腈（AN）和其他原料及引发剂首先进行悬浮聚合得到PAN共聚物，被溶剂DMA溶解为一定浓度的纺丝原液，通过干法纺丝技术凝固成丝，经后加工获得相关产品，聚合过程中未反应的单体以及纺丝原液中的溶剂回收循环使用。目前企业招收一批新员工，经过企业三级安全教育之后的新员工即将参加生产工艺培训，培训合格后将成为腈纶生产装置的操作工人，首要任务是了解装置的生产方法和原理，熟悉和掌握生产工艺流程的组织。

【相关知识】

一、腈纶生产的工艺路线

腈纶在 1950 年实现工业化生产以来，在发展过程中行成了各种不用的生产工艺路线。就聚合工艺而言，有溶液聚合（一步法）和水相悬浮聚合（两步法）两类；就纺丝而言，有干法纺丝和湿法纺丝两类；按所用溶剂来分，有无机和有机两种。所用溶剂有二甲基甲酰胺（DMF）、二甲基乙酰胺（DMAC）、二甲基亚砜（DMSO）、碳酸乙烯酯（EC）和丙酮等有机溶剂剂，以及硫氰酸钠（NaSCN）、硝酸（HNO_3）和氯化锌（$ZnCl_2$）的水溶液等无机溶剂。根据聚合（原液制备）方法、纺丝方法和溶剂种类不同，可以将已经实现工业化的腈纶生产工艺路线分为 12 种，具体见表 3-2。

表 3-2　腈纶主要生产工艺路线

聚合（原液配置）方法	纺丝方法	溶　剂
水相悬浮聚合（两步法）	干纺	DMF
		丙酮
	湿纺	NaSCN
		HNO_3
		DMF
		DMAC
		丙酮
		EC
溶液聚合（一步法）	湿纺	NaSCN
		$ZnCl_2$
		DMF
		DMAC

不同聚合工艺的比较如下。

（1）均相溶液聚合（一步法）　所用的溶剂既能溶解单体，又能溶解反应生成的聚合物。反应完毕，聚合液可直接用作纺丝。

（2）水相悬浮聚合（两步法）　可用介质只能溶解或部分溶解单体，而不能溶解反应生成的聚合物，纺丝前需要用溶剂重新溶解聚合物制成纺丝溶液。

比较一步法和两步法的工艺路线，一步法消耗第三单体及溶剂多，回收溶剂量大，但蒸汽和水消耗较少，易于连续和自动化生产，但难以实现多品种生产。由于在一步法的聚合反应中加入溶剂，要求溶剂纯度高，且溶剂链转移常数较高，需要庞大的聚合设备，"三废"处理量也较多。一步法中虽然聚合和纺丝连续操作，但由于采用溶液聚合，不易散热，随着生产能力增大，必须扩大聚合釜。为了提高散热效果，只能采用多个聚合小釜。这样虽然提高了散热效果，但又增加了成本；而两步法因采用悬浮聚合，聚合热容易散发，聚合釜生产能力可扩大，一台釜生产能力可达到 $100 \sim 150t/d$，为了提高腈纶生产的单线生产能力，降低生产成本，提高竞争力，故采用两步法较为适宜。

二、杜邦 DMF 两步聚合干法纺丝的优势

（1）干法腈纶纤维界面呈"犬骨形"，结构紧密，柔软，光滑，毛型感强。而湿法纺丝纤维截面呈圆形，结构比较松散，皮层与芯层结构差异比较大。这就决定了干法纺丝产品的许多性能优于湿法纺丝产品，具有普通湿法腈纶所不具备的良好蓬松性和优良的手感，更加接近羊毛，据报道国外高档腈纶织物一般都是用纯纺干法腈纶生产出来的，而湿法纺丝产品多用于混纺。

（2）干法纺丝腈纶工艺流程短，纺丝速度快，后处理不需要热定型。

（3）使用 DMF 为溶剂，有下述优点。

① 腐蚀性小，不需要含钼不锈钢设备。

② 价格低。据介绍除 HNO_3 外，DMF 在腈纶所有有机、无机溶剂中价格最低。并且 DMF 容易从纤维中洗出，回收简易，可用蒸发方法完成，没有无机溶剂回收时所需的净化装置。

③ 腈纶所用各种溶剂的溶解能力从大到小有如下排列：$DMF > DMA > DMSO > EC > NaSCN > HNO_3 > ZnCl_2$。DMF 因其溶解能力最强，所得原液黏度最低，相应可以制备高浓度的纺丝原液。提高了设备的生产能力。

【任务实施】

一、认识生产装置

实施方法：播放影像资料，了解生产装置基本组成。DMF 干法纺丝腈纶生产装置如图 3-1 所示。

图 3-1　DMF 干法纺丝腈纶生产装置

杜邦 DMF 两步干法纺丝腈纶生产，是以丙烯腈为主要原料，水相悬浮聚合，然后造粒干燥，再用二甲基甲酰胺（DMF）做溶剂，二次溶解形成纺丝原液，最后在纺丝机高温氮气环境中抽丝定型成为纤维。腈纶生产装置工艺流程框图如图 3-2 所示。

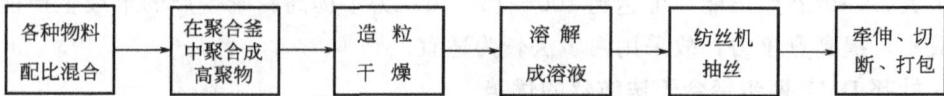

图 3-2　腈纶生产装置工艺流程框图

二、识读工艺流程图

杜邦干法腈纶生产工艺可以分为原料与回收、聚合、原液、纺丝、水洗牵伸、后处理六个工序。干法腈纶装置工艺流程示意如图 3-3 所示。

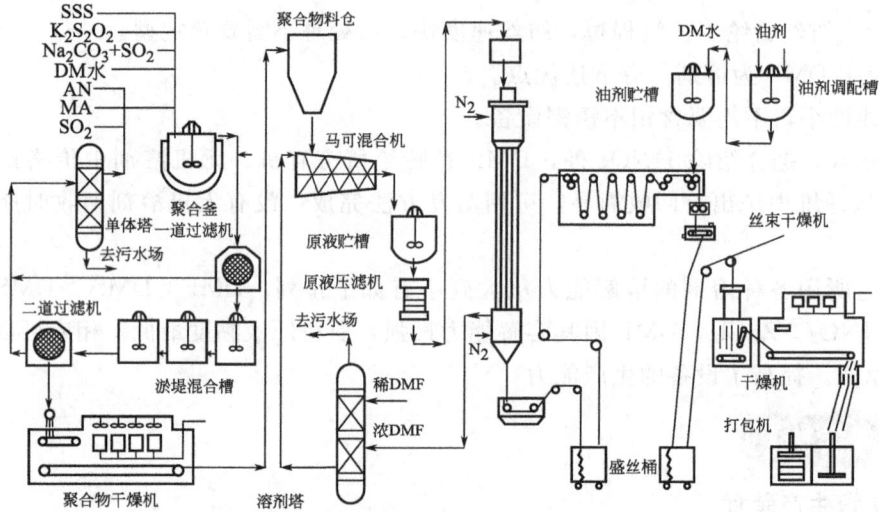

图 3-3　干法腈纶装置工艺流程示意

1. 原料与回收

腈纶生产主要原料有丙烯腈、丙烯酸甲酯、苯乙烯磺酸钠，辅助原料和助剂有 DMF、二氧化硫、碳酸钠等。丙烯腈和丙烯酸甲酯是两种液态单体，是生产聚合物的原料，而聚合物又是生产腈纶纤维的原料。丙烯腈和丙烯酸甲酯都是从现场大容积贮存设备的管道输送来的。它们的输送必须是连续的，以保证生产聚合物的单体混合。

未反应的单体进入单体汽提塔经塔顶冷凝器冷凝，冷凝液再经过连续倾析脱水后回收单体。

从各工序回收来的 DMF 溶液送入 DMF 精馏塔，不含水的溶剂 DMF 作为侧线产品从靠近塔的底部侧线抽出，再提供给腈纶装置生产使用。

2. 聚合

聚合工序主要生产任务是完成丙烯腈、丙烯酸甲酯、苯乙烯磺酸钠在聚合釜中进行的水相悬浮聚合反应，制造出聚合物粉末。

在聚合物制备过程中，其他反应物与丙烯腈、丙烯酸甲酯、苯乙烯磺酸钠一起加入聚合釜中，引发聚合反应，进而生成聚合物。

首先制备下列组分的稀水溶液：①苯乙烯磺酸钠单体；②加入了硫酸亚铁铵的过硫酸钾（催化剂）；③碳酸钠（中和剂）；④唯尔希（终止剂）。然后碳酸钠溶液与二氧化硫反应生成活化剂亚硫酸氢钠溶液，最后苯乙烯磺酸钠单体溶液、过硫酸钾溶液和亚硫酸氢钠溶液与二氧化硫、脱盐水和单体一起被加入聚合釜中，唯尔希溶液被加入聚合釜的溢流中以终止反应。中和剂被加入再淤浆罐中控制游离酸度，中和剂被加入回收的滤液中控制 pH。

聚合反应过程是发生在水介质中的连续反应。聚合釜带有搅拌器和夹套，正常情况下，聚合釜夹套中通有冷冻水，这是因为聚合反应是放热反应，但在开始聚合时，要提供热水加热聚合釜，各种组分通过计量连续地加入聚合釜中，温度、pH、各组分浓度等反应条件要小心控制以得到具有期望性能的聚合物。

聚合物浆料、水、未反应的单体及其他物料连续地溢流到带有搅拌器的淤浆槽中，随着浆料从聚合釜中溢流出来。随即加入足量的终止剂，以终止聚合反应。

浆料送到真空转鼓过滤机，分离聚合物后送入浆料混合系统，未反应的单体进行回收。

浆料混合系统经过过滤、干燥、挤条、粉碎之后储存在聚合物料仓中。

3. 原液

原液制备是将聚合物粉末用溶剂二甲基甲酰胺溶解，同时加入浅色剂 DTPA、消光剂 TiO_2 等助剂，制成适合纺丝的原液。

料仓中的聚合物粉料经振动螺旋给料器送出，质量流量计用来控制给料器的速度，从而控制聚合物流量。聚合物在重力作用下通过溶剂喷入箱，被含有 DTPA 和 TiO_2 的溶剂 DMF 浸湿。DMF 去混合器的管道上装有加热器，以便达到设定的混合温度。经过 DMF 溶剂浸湿的聚合物通过 Marco 混合机充分混合，然后送到夹套罐，在罐内由搅拌器搅拌，再送到原液储罐。

4. 纺丝

原液通过热水夹套管线、原液加热器及热水夹套压滤机后通过增压泵送入纺丝机的入口。

每台纺丝机有多个装在框架上的纺丝位。每个纺丝位都有一条独立的纺丝原液供料管线。在每个纺丝位上的计量泵将一定量的原液提供给喷丝组件，从喷丝板出来后进入纺丝甬道。被循环 N_2 蒸发掉溶剂 DMF 而固化成丝，DMF 送回收。

离开甬道的腈纶原丝从甬道底端，通过甬道出口的给湿导丝器集中成单股丝条。当丝条通过导向辊时，用冷却的含有少量 DMF 的水（自水洗牵伸工序来）通过溢流作用合并丝条，每台纺丝机合并的丝条经过多组牵引辊的牵引离开。

离开牵引辊的腈纶原丝经过摆丝器，落入原丝盛丝桶中。

5. 水洗牵伸

水洗牵伸工序是将纺丝工序送来的腈纶原丝进行进一步加工，提高腈纶纤维的力学性能。腈纶原丝是线性的，表面光滑，纤维之间抱合力差，为了增加其与棉、毛的抱合力，改善其柔软性、弹性和保暖性，就必须对纤维进行卷曲加工。

从纺丝工序落丝位置来的盛有腈纶原丝的盛丝桶，经集束后进入水洗牵伸机，丝束从牵伸机出口挤压辊引出到上油辊进行上油，上油后的丝束进入丝束罩进行冷却，然后丝束经汽蒸箱加热进入卷曲机进行卷曲，卷曲后的丝束由冷却输送机送至摆丝装置，把丝束铺到盛丝桶里，去后处理工序。

6. 后处理

后处理工序主要包括纤维干燥、纤维包装。经过水洗牵伸卷曲后的腈纶纤维上含有大量水分，而且目前国家规定的回潮（即纤维中含水质量百分数）为 2%，因此，必须经过加热干燥去除腈纶纤维中多余的水分。

卷曲丝束经过导丝环穿过楼板，再经捕结开关、张力棒进入上油装置，然后进入切断机，将丝束切成要求的长度，切断后的短纤维直接落入干燥机的喂入机，经针板提升机、回转器、卸料辊，均匀地铺放在干燥机的链板上，经汽蒸装置，再经过三个干燥区，到达干燥机的出口，落到出口输送机，送到风送系统的入口处被吸入，经送棉风机送到凝棉器，然后纤维进入打包机料斗，经称重，由打包机打包后入中间库。

在纺丝至后处理工序有 DMF 废气排放到回收工序加以处理。

【任务评价】

序号	学习目标	评价内容	评 价 结 果				
			优	良	中	及格	不及格
1	掌握腈纶不同的生产方法	一步法、两步法					
		湿法纺丝与干法纺丝及各部分任务					
2	能识读腈纶干法工艺流程图	识读聚合部分流程					
		识读原液制备部分流程					
		识读纺丝部分流程					
		识读后处理部分流程					
		识读 DMF 回收单体回收部分流程					
3	杜邦干法腈纶特点	产品截面形状					
		流程特点					
		DMF 特点					

【知识拓展】

目前我国主要的腈纶生产厂家一共有 12 家，见表 3-3，国内生产总能大约在 90 万吨/年。

表 3-3　国内腈纶生产主要厂家及工艺路线

工 艺	生 产 商	产品名称	使用溶剂
干法	秦皇岛腈纶		DMF
	抚顺腈纶		DMF
	齐鲁腈纶	奥齐牌	DMF
	浙江金甬	A 牌	DMF
湿法	上海石化	三人牌/金阳牌	NaSCN
	安庆石化	黄山牌	NaSCN
	大庆石化		NaSCN
	大庆炼化		NaSCN
	吉林奇峰	白山牌	DMAC
	吉盟腈纶		DMAC
	宁波丽阳		DMAC
	杭州湾腈纶		DMAC

任务二　聚合岗操作条件影响分析

【任务介绍】

温度、催化剂、pH 等操作条件控制得当，可以提高产品质量，直接影响生产的效率和效益。了解操作条件的确定依据以及条件变化对生产的影响才能在实际生产中按照生产要求进行操作条件的监控和调节控制，确保生产安全、顺利的进行。

【相关知识】

一、干法腈纶聚合机理

干法腈纶是由丙烯腈（AN）、丙烯酸甲酯（MA）、苯乙烯磺酸钠（SSS）三种单体共聚而成的具有无规结构的三元共聚物。

类似结构：端基—AN—AN—AN—MA—AN—AN—SSA—AN—AN—MA—AN—端基。

聚合反应步骤如下。

1. 自由基引发：

$$FeSO_4 \longrightarrow Fe^{2+} + SO_4^{2-} \tag{1}$$

$$S_2O_8^{2-} + Fe^{2+} \longrightarrow Fe^{3+} + SO_4^- \cdot + SO_4^{2-} \tag{2}$$

$$HSO_3^- + Fe^{3+} \longrightarrow Fe^{2+} + SO_3 \cdot \tag{3}$$

$$SO_4^- + H_2C\!=\!CHCN \longrightarrow HO_3SO\!-\!CH\!-\!CHCN \cdot \tag{4}$$

$$HSO_3 \cdot + H_2C\!=\!CHCN \longrightarrow HSO_3\!-\!CH_2\!-\!CHCN \cdot \tag{5}$$

式(2)和式(3)中氧化还原引发、链转移过程中所需的铁是以硫酸亚铁铵形式，经硫酸酸化后加入催化剂溶液中进入系统的。式(4) 和式(5) 中酸性基团大部分由（来自活化剂）钠离子中和，另一部分由（来自催化剂）钾离子中和，很少部分与氢离子结合，产生了聚合物的游离酸性。

2. 链增长

$$HO_3SO\!-\!CH_2\!-\!CHCN \cdot + H_2C\!=\!CHCN \longrightarrow HO_3SO\!-\!CH_2\!-\!CHCN\!-\!CH_2\!-\!CHCN \cdot \tag{6}$$

$$HSO_3\!-\!CH_2\!-\!CHCN \cdot + H_2C\!=\!CHCN \longrightarrow HSO_3\!-\!CH_2\!-\!CHCN\!-\!CH_2\!-\!CHCN \cdot \tag{7}$$

3. 链终止

以 S 代表 SO_4^{2-} 或 HSO_3^-，以 R 代表不包括端基的聚合物链，终止聚合物链反应如下。

① 链转移

$$S\!-\!R \cdot + HSO_3^- \longrightarrow S\!-\!R\!-\!H + SO_4^- \cdot \tag{8}$$

（未结束链）（活化剂）　（结束链）　（自由基）

② 偶合转移

$$S\!-\!R \cdot + \cdot R\!-\!S \longrightarrow S\!-\!R\!-\!R\!-\!S \tag{9}$$

③ 歧化反应

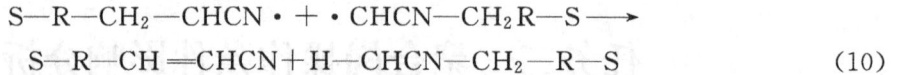

$$S—R—CH_2—CHCN·+·CHCN—CH_2R—S \longrightarrow$$
$$S—R—CH=CHCN+H—CHCN—CH_2—R—S \qquad (10)$$

④ 氧化反应

$$SR—CH_2—CHCN+OH^-· \longrightarrow SR—CH_2—CHCN—OH \qquad (11)$$

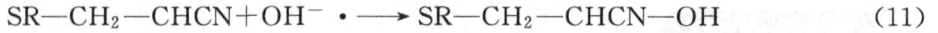

上述四种终止反应中一种就能使聚合物链反应终止，但由式(10)和式(11)反应生成碳-碳双键和羟基脱水，易造成聚合物染色变黄。实际生产中，从聚合釜出来的浆料中含未反应单体，其终止反应是由加入螯合剂（唯尔希）来完成的，螯合剂束缚聚合反应所需的催化剂铁，达到反应终止目的。

二、引发剂

在杜邦干法腈纶生产工艺中，聚合反应采用的是氧化-还原体系引发体系，催化剂由 $K_2S_2O_8$、$(NH_4)_2Fe(SO_4)_2$ 和 H_2SO_4 按一定比例调配制成，$NaHSO_3$ 为还原剂（又称活化剂）；是由 $NaOH$ 与 SO_2 在活化塔中制得的。此液流中的 SO_2 尚有调节反应釜 pH 的功效。

【任务实施】

一、温度的影响分析

为了生产出均匀和高质量的纤维，必须有好的聚合物。为得到最佳反应速率、转化率、聚合物性能和纤维性能，必须严格控制反应温度以保证聚合物染色性和分子量在要求的范围内。杜邦干纺工艺要求将聚合反应温度控制在 $60.0℃±0.5℃$。当聚合体系温度升高时，给反应体系的能量就增加，使引发剂分解速率加快，整个体系的反应总速率增加，但产物平均分子量下降，这是因为随着温度升高，反应的活化中心数目增加所造成的。如果反应温度过低（25℃以下），无论采用氯酸盐还是过硫酸盐引发体系，反应都较缓慢，生成聚合体分子量偏高，表现为特性黏度增大。随反应温度的升高，转化率也升高，但聚合物平均分子量则下降，若温度超过 65℃，则容易产生爆聚。

二、催化剂的用量

干法腈纶成纤聚合物的反应机理：过硫酸根离子（来自催化剂）与亚铁离子反应生成硫酸根自由基和铁离子；以同样的方式，亚硫酸氢根离子（来自活化剂）与铁离子反应生成亚硫酸氢根自由基，并把铁离子还原成亚铁离子。这些自由基与单体分子相结合，因而生成聚合物链的起始的一端。从反应机理可知，在聚合反应中，铁离子是真正的催化剂。反应体系中铁离子含量增加，则生成的自由基就相应变多，反应的转化率增加，而生成的聚合物的分子量降低，即特性黏度降低。

聚合釜连续生产时，改变聚合反应中的铁离子含量，于聚合再淤浆处取样，测特性黏度，铁离子含量对特性黏度的影响见表3-4。

表3-4 铁离子含量对特性黏度的影响

铁离子含量/(μg/g)	特性黏度	铁离子含量/(μg/g)	特性黏度
1.0	1.463	3.0	1.378
1.5	1.421	4.0	1.367
2.0	1.400	5.0	1.360
2.5	1.387	6.0	1.355

在实际工艺控制过程中，调整催化剂流量是控制聚合物特性黏度的唯一可变量。

在生产过程中，聚合物的特性黏度 $[\eta]$、分子量及其分布、原液固含量等特性指标对纺丝连续性是至关重要的。杜邦给出的特性黏度指标是 1.40，干法腈纶聚合物相对分子质量通常在 30000～40000。

从表 3-4 可以看出，随着铁离子含量从 $1\mu g/g$ 到 $6Lg/g$，特性黏度从 1.463 降到 1.355，并且随着铁离子含量的增加，特性黏度的变化逐渐减弱，铁离子含量在 $5\mu g/g$ 以上时，特性黏度的变化已不明显。要获得特性黏度为 1.40 的聚合物，铁离子含量应该控制在 $2\mu g/g$。

三、终止剂作用原理与用量

在杜邦工艺中，乙二胺四乙酸（EDTA）作为终止剂，它的真正作用是螯合铁离子来终止链引发过程，但并不能阻止聚合釜溢流淤浆中各种活性自由基的继续反应。如果只考虑催化剂中的铁，不同产率的 EDTA-Fe 用量关系见表 3-5。从分子碰撞概率来看，欲达到快速的终止效果，EDTA 显然应该过量使用，EDTA-Fe 的比例在 (70～78)：1（摩尔比）。

表 3-5 不同产率的 EDTA-Fe 用量关系

产率/(t/d)	溢流总流率 /(kg/h)	溢流口浓度/(mol/m³)		EDTA/Fe(摩尔比)
		Fe	EDTA	
40	6918.8	3.15×10^{-8}	2.3×10^{-6}	73
50	8514.6	3.20×10^{-8}	2.3×10^{-6}	72
75	12844.8	3.71×10^{-8}	2.9×10^{-6}	78
95	16078.4	4.11×10^{-8}	3.1×10^{-6}	75

四、聚合反应物料组成及操作工艺卡片

不同聚合反应产率下基本物料流率见表 3-6。

表 3-6 不同聚合反应产率下基本物料流率

物料组成	物料流率/(kg/h)				
	A	B	C	D	E
总脱盐水	4290	5290	7980	10055	11100
混合单体	2060	2540	3880	5000	5520
中和剂	153	190	289	372	437
终止剂	38	48	90	121	140
催化剂	140	200	345	485	
第三单体		200	180	105	
二氧化硫		45	58	84	

注：聚合产率（t/d）：A 为 40；B 为 50；C 为 75；D 为 95；E 为 110。

聚合产率 95t/d 生产工艺比较成熟，其聚合工艺卡片见表 3-7。

表 3-7 95t/d 聚合工艺卡片

序号	名称	单位	指标
1	试剂 DM 水温度	℃	25
2	试剂滤器压降	MPa	≤0.15
3	混合单体流量	kg/h	5000±50
4	脱盐水流量	kg/h	10100±300
5	SSS 流量	kg/h	40±5

续表

序号	名称	单位	指标
6	终止剂流量	kg/h	121±5
7	釜内温度	℃	60±0.5
8	DM 水温度	℃	18～25
9	混合单体温度	℃	12±1
10	活化塔中和剂	kg/h	420±5
11	活化塔 SO_2 流量	kg/h	可调
12	活化塔 pH		3.3±0.2
13	聚合釜 N_2	m³/h	15±5
14	催化剂流量	kg/h	可调
15	搅拌速度	r/min	140±5

【任务评价】

序号	学习目标	评价内容	评价结果				
			优	良	中	及格	不及格
1	掌握聚合反应机理	共聚原料					
		分散介质、中和剂、终止剂					
		引发体系中催化剂与还原剂					
2	了解影响聚合反应的因素	温度对聚合反应的影响					
		催化剂对聚合反应的影响					
		终止剂对聚合反应的影响					

【知识拓展】

腈纶的用途

聚丙烯腈纤维是一种由高分子长链合成聚合物形成的人造纤维，其丙烯腈含量至少占85％。它表面平滑，具有良好的悬垂性能，可以生产保暖但是很轻的织物。它的弹性和回弹性俱佳，并具有优异的耐阳光和耐气候性能。这种纤维可以水洗或干洗。但是聚丙烯腈纤维的强度一般，湿态时强度约降低20％，但是干燥后即行恢复。这是一种疏水性纤维（回潮率为1％），常发生静电和起球现象，其耐磨性能一般。

有着人造羊毛美称的腈纶，又有着便宜的价格，所以成为了羊毛和棉花的最佳替代品。在我国化纤工业中，聚酯纤维主要用于仿棉或仿丝型织物，而仿毛型织物以腈纶为主要原料。腈纶外观蓬松，手感柔软，具有良好的耐光、耐气候性，其弹性和保暖性可以和羊毛媲美，深受消费者欢迎。在我国毛纺及人造毛皮所用原料中腈纶占最主要地位。腈纶的优良性能使其在服装、服饰、产业三大领域有广泛的应用。聚丙烯腈纤维根据不同的用途的要求可纯纺或与天然纤维混纺，可与羊毛混纺成毛线，或织成毛毯、地毯等，还可与棉、人造纤维、其他合成纤维混纺，织成各种衣料和室内用品。

任务三　聚合岗位操作

【任务介绍】

PAN 聚合是一个连续过程，是通过把三种单体和具有微量铁的催化剂、活化剂、二氧化硫和脱盐水一同加入聚合釜内完成的，聚合产生的聚合物浆料连续地从聚合釜溢流出来，在溢流管中加入终止剂。聚合物从母液中过滤出来，并在真空转鼓过滤机中进行彻底水洗，过滤，然后进入再淤浆系统，并混合、脱水、干燥以得到合格的干聚合物，经粉碎后储存在料仓中。

【相关知识】

一、聚合岗工艺流程图

聚合工艺流程如图 3-4 所示。

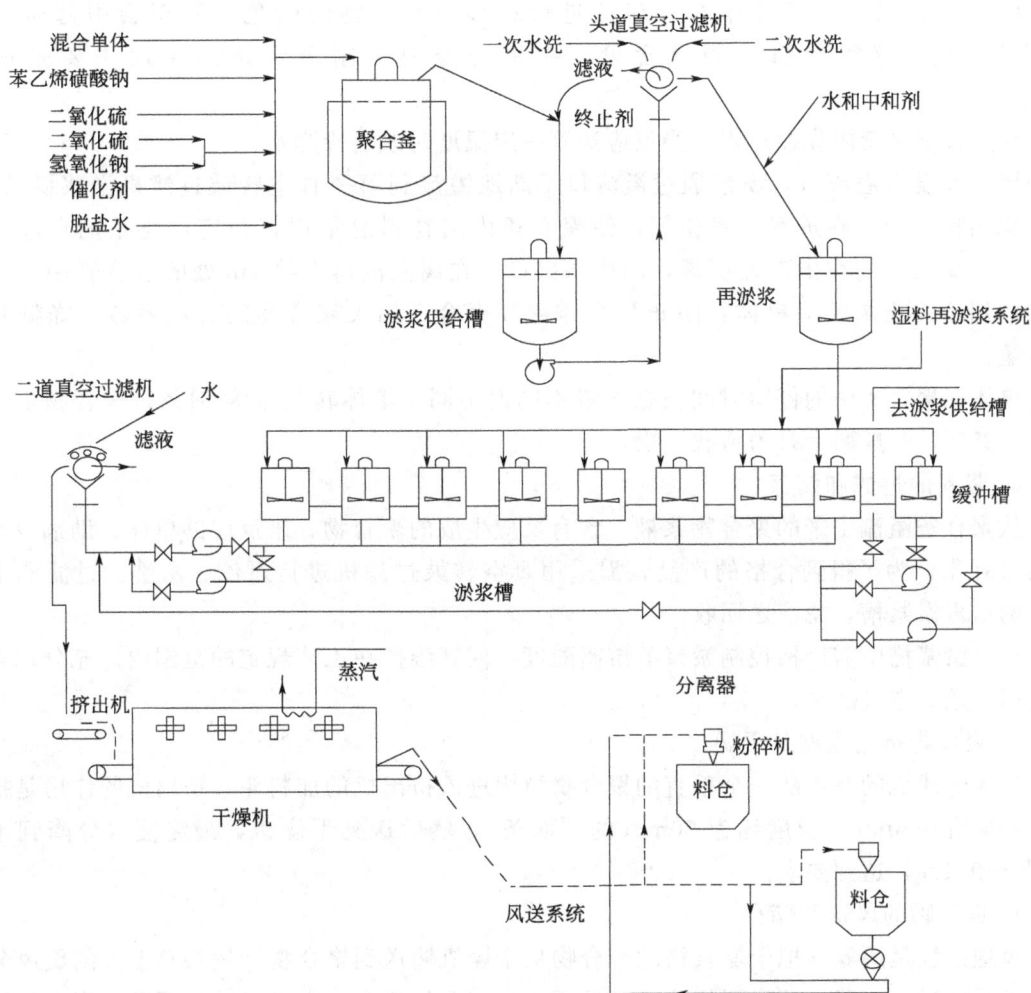

图 3-4　聚合工艺流程

岗位说明如下。

1. 聚合

丙烯腈、丙烯酸甲酯、苯乙烯磺酸钠的共聚反应是在酸性水溶液中（pH＝2.5～3.0）以过硫酸钾-亚硫酸氢钠氧化还原体系为引发剂的连续水相沉淀聚合反应，反应温度控制在60℃。

从回收调配好的AN、MA混合单体经供给泵，再经混单冷却器送到聚合工序，经过流量控制后与SSS、部分脱盐水（DM）一起进入聚合釜。催化剂和活化剂分别经流量控制后，在同一管口进入聚合釜。为确保连续生产出质量均匀的合格聚合物，对加入聚合釜中的各组分的量要严格控制，当反应出现异常情况，如釜内温度超高（65℃）时，高位水槽的水会自动进入反应釜以保证设备安全。

催化剂和SSS的加料速度是可变的，这些加料速度不仅随聚合釜的产量变化，而且在需要时，也可根据质检中心对特性黏度和EGT的分析结果进行调节。

聚合釜的壳体由26mm厚的、纯度为99.5%的铝制成，选择铝材的原因是铝在酸性介质中有轻微腐蚀，因而使聚合釜内表面总是新而光洁。

由于氧含量高会阻止聚合反应的进行和影响聚合物的颜色，甚至会引起聚合釜的爆炸，所以必须严格控制氧含量。在聚合釜中控制氧含量的手段主要是通入氮气。

在聚合釜夹套内先通热水，当反应达到一定温度时改通冷冻水。

聚合釜设有溢流口，淤浆通过溢流口不断地溢流到第一真空转鼓过滤机淤浆供给槽，浆料溢出速率与物料进料速率相等，使聚合釜内的物料总量保持恒定，终止剂自溢流口加入，以免聚合物在出口处积聚，而堵塞出口。在离溢流口下约1m处的溢流管中加入终止剂，用于终止未反应单体，防止聚合体继续聚合，加大聚合物的分散系数，降低聚合物质量。

单体在聚合釜中的停留时间根据产量不同而不同，单体转化率为81%，聚合物浓度为20%～25%，一般两个月需清釜一次。

2. 浆料的过滤和储存

从聚合釜溢流出来的聚合物浆液，含有反应生成的聚合物、未反应的单体、助剂以及大量的DM水，为了得到合格的产品，需采用真空转鼓过滤机进行过滤、水洗。过滤剩下的聚合物送再淤浆槽，滤液送回收。

在再淤浆槽中需严格控制淤浆的游离酸度，使其维持在工艺规定的范围内。充分混合后送至第二道真空过滤机。

3. 聚合物挤出成型及干燥

二道过滤机的滤饼从一个垂直的聚合物溜槽进入挤出机的加料斗，挤出机的作用是把湿滤饼挤成直径6mm、长度约为20mm的"面条"，然后送到干燥机，最终使水分降到小于0.1%～0.4%，达到要求。

4. 聚合物的风送和储存

风送系统是用氮气把干燥合格的聚合物从干燥机输送到聚合物计量料仓上方的旋风分离器，然后通过一个回转阀喂到粉碎机，进而进入聚合物料仓，也可经转向阀送入聚合物计量料仓上方的旋风分离器进到聚合物计量料仓。

二、原料物性

1. 丙烯腈（AN）

分子式为 C_3H_3N，相对分子质量为 53.06。具有苦杏仁味的无色液体。有剧毒。相对密度为 0.8060。沸点为 77.3℃。闪点为 -1.1℃（开杯）。空气中爆炸极限为 3.05% ～ 17.5%（体积分数）。微溶于水，20℃时在水中溶解度为 7.3%，丙烯腈的聚合物能在 NaSCN溶液、DMF、DMA 等溶剂中溶解，具备成纤高聚物的基本性质。水解时生成丙烯酸，还原时生成丙腈。

2. 丙烯酸甲酯（MA）

分子式为 C_4H_6O，相对分子质量为 86.09。具有辛辣气味的无色易挥发液体。有毒，易燃。相对密度为 0.898，沸点为 80.5℃，空气中爆炸极限为 2.5% ～ 28%（体积分数）。溶于乙醇、乙醚，易挥发、易聚合。

【任务实施】

一、混单配制

控制目标：MA6.1%，$SO_2$0.5%。

控制范围：(6.00～6.50)±0.05，SO_2（0.40～0.50)±0.05

相关参数：AN、MA、SO_2 流量，回收单体流量，回收单体中 MA、SO_2 含量。

控制方法：首先按比例调整好 AN、MA、SO_2 流量，回收单体流量，在稳定后取样分析，然后根据分析数据做相应调整。

正常调整：

影响因素	调整方法
AN 流量	MA、SO_2 含量偏低，则可以降低 AN 流量；MA、SO_2 含量偏高，则可以提高 AN 流量
MA 流量、SO_2 流量	MA、SO_2 含量变化，可以分别调整 MA、SO_2 加入量，并按比例调整
回收单体流量	回收单体含 MA、SO_2，如果 MA 含量高，SO_2 含量低，可提回收单体加入量，MA 含量低，SO_2 含量高，可降回收单体加入量
回收单体中 MA、SO_2 含量	单体混合 MA、SO_2 含量变化，应检查回收单体中 MA、SO_2 含量变化，并根据变化做相应调整

异常处理：

现象	原因	处理方法
混单中 MA 含量偏差大	回收单体中 MA 含量低	上调 MA 加入量
	流量表故障	找仪表检查相应仪表
	AN、SO_2、回收单体加入量变化	相应调整各种物料的加入量
	分析数据错误	找分析人员复测，确认
混单中 SO_2 含量偏差大	回收单体中 SO_2 含量变化	检查单体汽提塔进料的 pH，偏高则上报车间
	SO_2 泵汽蚀	通知现场处理

二、单体汽提塔灵敏板板温度（T3805）

控制目标：96℃。

控制范围：91～99℃。

相关参数：单体汽提塔进料量（F3801），闪蒸温度（T3816）、塔釜 0.2MPa 蒸汽流量

（F3804）。

控制方法：单体汽提塔灵敏板 13# 板温度（T3805）与塔釜 0.2MPa 蒸汽流量（F3804）形成一个控制回路，T3805 温度高，关塔釜蒸汽调节阀，关单体汽提塔进料（F3801）；T3805 温度低，也可用闪蒸温度（T3816）来调节。

正常调整：

影响因素	调 整 方 法
塔釜蒸汽阀开度	13# 板 T3805 温度低，开大塔釜 0.2MPa 蒸汽调节阀，增大进汽量；13# 板 T3805 温度高，关小塔釜 0.2MPa 蒸汽调节阀，减少进汽量
单体进料	13# 板温度上升，以适当增加进料量；13# 板温度降低，可适当降低进料量，使 13# 板温度上升
闪蒸	13# 板温度上升，可适当降低闪蒸温度；13# 板温度降低，可适当提高闪蒸温度

异常处理：

现象	原因	处 理 方 法
13# 板温度快速下降	闪蒸温度下降	检查 0.2MPa 蒸汽压力，与调度和热力站联系，提压，迅速调整各参数，以免 AN 流失
	现场调节阀全关或卡死	现场立即检查仪表风，与仪表联系处理，降低进料量，维持 13# 板温度
13# 板温度快速上升	闪蒸温度上升	检查 0.2MPa 蒸汽压力，与调度和热力站联系，降压，迅速调整各参数，以免过多蒸汽进入系统使油层含水
	现场调节阀全开或卡死	现场立即检查仪表风，与仪表联系处理，适当提高进料量，维持 13# 板温度

三、单体汽提塔闪蒸

控制目标：88℃。

控制范围：85～91℃。

相关参数：单体汽提塔进料量（F3801），塔釜 0.2MPa 蒸汽流量（F3804），蒸汽调节阀开度。

控制方法：闪蒸 T3816 与 F3806 形成一个控制回路，T3816 温度高，关闪蒸蒸汽调节阀，T3816 温度低，开蒸汽调节阀，也可用单体进料调节。

正常调整：

影响因素	调 整 方 法
单体汽提塔闪蒸蒸汽调节阀开度	T3816 温度低，开 F3806 调节阀，加大蒸汽量；T3816 温度高，关 F3806 调节阀，减少蒸汽量
单体进料量	T3816 温度低，可适当减少料量；T3816 高，可适当增加进料量
蒸汽流量和压力	如 T3816 温度变化，随时检查蒸汽压力流量，与厂调度和热力站联系

异常处理：

现象	原因	处 理 方 法
闪蒸温度快速下降	蒸汽流量降低、压力降低	检查蒸汽压力和流量，与厂调度联系，同时 DCS 迅速调整
	现场调节阀全关或卡住	检查仪表风，与仪表联系处理；降低进料量维持温度
	单体进料量突然增大	检查 F3801 调节阀和供料泵，确认后与仪表、维修联系，DCS 维持温度，可适当降低蒸汽进入量

续表

现象	原因	处 理 方 法
闪蒸温度快速上升	蒸汽流量或压力升高	检查蒸汽压力和流量,与厂调度联系,同时DCS迅速调整
	现场调节阀全开或卡住	检查仪表风与仪表联系,加大进料量,维持温度
	单体进料突然减少	检查F3801调节阀和供料泵,确认后与仪表、维修联系,DCS维持温度,可适当加大蒸汽进入量

四、塔釜 AN 含量

控制范围：$\leqslant 20 \times 10^{-6}$。

控制目标：$\leqslant 20 \times 10^{-6}$。

相关参数：单体汽提塔进槽浓度、13# 板温度、塔釜液位。

控制方法：13# 板温度 T3805 与塔釜蒸汽 F3804 形成一个控制回路。闪蒸 T3816 与闪蒸蒸汽（F3806）形成控制回路。

正常调整：

影响因素	调 整 方 法
进料槽浓度	检查F3801进料量大小,通过数据分析,与聚合联系,降低水量,以增加AN浓度
13# 板温度	DCS要迅速调整13# 板温度到OI值,保证温度稳定、持续
塔釜液位	DCS要迅速建立起塔液位,保证塔内压力平稳持恒

异常处理：

现象	原因	处 理 方 法
塔釜AN超高	进料浓度	进料浓度过低或过高,塔内气液平衡建立不好,与聚合联系调整AN浓度
	13# 板温度低	检查蒸汽流量和压力,与调度和热力站联系,提供合格的蒸汽,检查单体进料并调整平稳,检查现场调节阀,并与仪表联系,保证设备完好
	塔底液位	检查塔液位是否在OI值,通过调整塔釜L3822调节阀而实现,以维持塔的正常运行

五、顶冷凝器温度

控制范围：$10 \sim 40 ℃$。

控制目标：$10 \sim 40 ℃$。

相关参数：进料 AN 浓度、循环水温度、压力。

正常调整：

影响因素	调 整 方 法
进料AN浓度大	与聚合联系,通过水调节,降低AN浓度,以免由于进料AN浓度大,E102温度高
循环水温度高	如循环水温度高,可适当调整进料量(减少)
循环水压力低	如循环水压力低,可适当调整进料量(减少)
循环水调节阀坏	如循环水调节阀坏,将进料量和温度降至OI值最低

异常处理：

现象	原因	处 理 方 法
塔顶冷凝温度高	循环水温度高	与厂调度联系,降温,DCS降进料量
	循环水压力低	与厂调度联系,提压,DCS降进料量
	循环水调节阀坏	检查仪表风与仪表联系,DCS与现场联系,单体汽提塔改水运

六、单体汽提塔塔顶冷凝器液位

控制范围：15％～80％。

控制目标：35％±10％。

相关参数：油层堵、L3838调节阀坏、P109泵坏。

控制方法：E102液位与L3838调节阀形成控制回路。

正常调整：

影响因素	调 整 方 法
油层堵	停塔，改水运，处理油层管线
L3838调节阀坏	E102液位上升，打开L3838调节阀进行调整，可适当减少进料量；E102液位下降，关L3838调节阀，进行调整，可适当增加进料量
P109泵坏	E102液位上升，检查泵运行情况，切换泵

异常处理：

现象	原因	处 理 方 法
E102液位上升	油层堵	检查油层，通知车间调度，停塔处理
	L3838调节阀全关或卡住	现场检查仪表风，与仪表联系处理，同时降进料量，维持E102液位
	P109泵坏或堵	检查P109压力与维修联系，现场切换备用泵，维修修下线泵
	L3838调节阀全开或卡住	现场检查仪表风与仪表联系，同时加大进料，维持E102液位

七、焦油塔塔顶温度（T6609）

控制范围：115℃。

控制目标：给定温度±15℃。

相关参数：塔进料（F6606），塔回流（F6616），塔釜1.5MPa蒸汽流量（F6602）。

控制方法：可用回流量控制，也可以用塔釜1.5MPa蒸汽阀开度和进料量的大小控制。

正常调整：

影响因素	调 整 方 法
回流量	塔顶温度上升，适当增加回流量；塔顶温度下降，适当减小回流量
塔釜1.5MPa蒸汽阀开度	塔顶温度低，开大塔釜1.5MPa蒸汽调节阀，加大进汽量 塔顶温度高，关小塔釜1.5MPa调节阀，减小进汽量
进料量	加大进料量也可以降低塔顶温度

异常处理：

现象	原因	处 理 方 法
塔顶温度快速下降	塔釜蒸汽阀度小或全关	检查1.5MPa蒸汽压力，立即与热力站联系，提高蒸汽压力，开大蒸汽调节阀降低回流量
	现场调节阀全关或卡住	立即检查仪表风，与仪表联系处理
塔顶温度快速上升	塔釜蒸汽阀开度大或全开	检查1.5MPa蒸汽压力，与热力站联系，降低蒸汽压力，关小蒸汽调节阀，加大回流量
	现场调节阀全开或卡住	立即检查仪表风，与仪表联系处理

八、聚合釜温度（T4209AA、AB）

控制范围：60.0℃±0.5℃。

控制目标：设定温度±0.5℃。

相关参数：混合单体（F4226）、催化剂（F4002）、pH（PH4030）、DM水（F4205）、冷冻水（T4210）、四楼高位水阀（V4212）。

控制方法：聚合釜温度（T4209AA、AB）与夹套冷冻水（T4210）形式一个控制回路，T4209AA、AB温度比控制目标高，开夹套冷冻水调节阀；T4209AA、AB温度比控制目标低，关夹套冷冻水调节阀。

正常调整：

影响因素	调整方法
夹套冷冻水阀开度	聚合釜温度(T4209AA、AB)偏低,关小夹套冷冻水调节阀,减少冷冻水流量;聚合釜温度(T4209AA、AB)温度偏高,开大夹套冷冻水调节阀,加大冷冻水流量
聚合釜放空喷淋,环管喷淋及活化塔阀开度	关转子流量计手阀,将聚合釜放空喷淋调至1200kg/h,环管喷淋调至1600kg/h,活化塔DM水调至1800kg/h

异常处理：

现象	原因	处理方法
聚合釜温度快速下降至59.5℃	夹套冷冻水调节阀开大或全开或卡住	检查冷冻水压力应大于0.5MPa,温度在8℃±2℃之间,检查仪表风阀,与冷冻站及厂调度、仪表车间联系,现场岗位人员快速将再淤浆下料改至缓冲槽
	混合单体含水量过高	与回收岗位联系,切换供料,检查回收单体含水是否小于5%,将再淤浆下料,改至缓冲槽
	催化剂、活化剂、混合单体流量低	检查调节阀开度,供料泵运转情况,过滤器情况,调节T4210控制温度
	DM水流量大,阀全开或卡住	检查调节阀,与仪表车间联系处理,调节T4210控制温度
	DM水pH高(碱性)	与厂调度及给排水车间联系,通知车间,停车酸洗
	四楼高位水槽控制电磁阀失灵(停电)	与仪表车间联系处理,停车
	溢流管堵,终止剂倒回聚合釜内	停车,处理溢流管

九、头道真空度（P4707）

控制范围：−20kPa±7kPa。

控制目标：给定值±7kPa。

相关参数：P4707回流量、托盘液位。

控制方法：由调节阀P4706控制过滤机机罩到真空泵入口管路气体流量，以控制转鼓内真空度。

正常调整：

影响因素	调整方法
机罩到真空泵入口气体流量	通过调节阀调节机罩到真空泵入口的气体量以控制真空度,当真空度低时,关P4707;当真空度高时,开P4707

异常处理：

现象	原因	处理方法
真空度突然下降	真空泵停止工作	检查泵，立即处理
	滤布泄漏	通过沉降锥检查确定滤布是否泄漏
	淤浆托盘液位低	通过视镜检查确认是否溢流并进行相关检查
	淋洗塔液位高	检查淋洗塔系统，液位不得高于80%
	真空泵产生大量泡沫	检查消泡剂加入情况
	汽液分离器液位高	检查滤液泵工作状态及头道液相管线，汽液分离器液位不得超过80%
	P4707调节阀故障	联系仪表车间检查
	真空泵轴封水流量不正常	调整至OI值，不得低于150kg/h
真空度持续偏高	P4707调节阀故障	联系仪表车间检查
	反吹管线堵，过滤机不卸料	检查反吹系统不卸料原因

十、头道过滤供给槽（TA214）液位

控制范围：＜90％。

控制目标：30％±10％。

相关参数：头道过滤机真空度（P4707）、头道过滤机机罩压力（P4706）、头道过滤供给槽滤液调节阀（L4301）和TA214环管喷淋流量

控制方法：在正常情况下，通过调整滤液调节阀（L4301）来控制液位（优先利用二道滤液）。

正常调整：

影响因素	调整方法
滤液调节阀的开度	TA214液位低，开大滤液调节阀（L4301）；TA214液位高，关小滤液调节阀（L4301），找仪表检查L4301动作情况，仪表显示是否真实
P210泵运转情况	检查头道溢流量、泵的正反转及TA214筛网
头道脉冲阀	控制调整在OI值
头道转鼓速度	检查减速机，控制其转速在O.I.值，在7～11r/min之间
头道滤液泵	检查运转是否正常，并保证不气缚
头道真空泵	检查运转是否正常，并保证正常运转
环管喷淋量	控制调整在OI值

异常处理：

现象	原因	处理方法
TA214液位高	液位表指示失真	观察实际液位，判断液位仪表的真实性或找仪表人员校表
	头道溢流量不足	检查P210泵运转情况（正反转），泵进出口管线畅通情况，泵流量，TA214筛网是否堵
	头道真空度不够	滤布漏，淤浆托盘液位低，真空泵运转异常，确保汽液分离器、头道放空、水封水槽液位、P4706、P4707调节阀处真空度不得低于13kPa
	脉冲阀运转	检查电机及皮带运转情况
	转鼓转速	检查减速机，调整转数在7～11r/min之间，检查皮带及链条的运转情况

续表

现象	原因	处 理 方 法
TA214 液位高	反吹量小	缓慢调整反吹旁路至正常卸料
	滤液泵运转	检查泵电机运转情况及泵气缚
	TA214 环管喷淋量过大	调整到 OI 值,在 1000~3000L/h 之间
	循环泵兑料速度过大	降低转速,转数不得高于 300r/min
TA214 液位偏低	液位表指示失灵	观察实际液位,判断液位仪表的真实性或找仪表人员校表
	反吹量过大	缓慢调整反吹旁路至正常卸料
	溢流托盘液位超高	溢流管线堵或溢流阀未开
	头道真空度超高	调整至 OI 值,不得高于 20kPa±7kPa
	R201 溢流管堵	检查 R201 液位,不得高于溢流口
	TA214 环管喷淋流量低	调整至 OI 值,在 1000~3000L/h 之间
	滤液调节阀失灵,处于关闭状态	找仪表人员检查处理
	头道转鼓转速过快	调整至 OI 值,在 7~11r/min 之间

十一、再淤特性黏度

现控制范围:1.400±0.050。

控制目标:给定值±0.05。

相关参数:聚合釜温度(T4209)、催化剂流量(F4002)、活化剂流量、釜内 pH(溢流口取样分析)、铁离子浓度。

控制方法:通过调整催化剂的加入量来进行调整等。

正常调整:

影响因素	调 整 方 法
催化剂流量	生产中通过调整催化剂的流量控制再淤浆特性黏度,增加催化剂的量,特性黏度降低;减少催化剂的量,特性黏度上升

异常处理:

现象	原因	处 理 方 法
调节催化剂流量仍不能使特性黏度变化,特性黏度持续高或低	催化剂流量表故障	联系仪表车间对 F4002 进行检查,流量控制在(420~470)kg/h±5kg/h
	催化剂浓度变化	中化加样,分析进釜催化剂浓度(控制在 4.00%±0.04%)及组分铁含量(控制在 85μg/g±5μg/g)
	Fe^{3+} 离子变化	检查系统是否有 Fe^{3+} 污染,对进料各组分分析
	活化剂流量变化	检查 SO_2 流量控制在 73.5kg/h±1.0kg/h,中和剂流量控制在(420~450)kg/h±10kg/h
	釜内 pH 变化	溢流口取样,pH 值控制在 2.8~3.0 之间,确认后调整 SO_2 及中和剂流量
	聚合釜温度变化	联系仪表车间检查 T4209、T4210
	搅拌流型变化	检查釜内导流板及搅拌桨是否结疤,搅拌转数是否正常
	下料管角度改变	检查活化剂、催化剂下料管是否结疤

十二、聚合物干燥机Ⅰ区温度（T5113）

控制范围：110～120℃。

控制目标：设定温度±4℃。

相关参数：0.55MPa 蒸汽温度（T5112）；0.55MPa 蒸汽压力（P9804）；洗涤水温度（T4423）；滤饼真空度（P4804）；洗涤水流量（F4418）；供料泵速率（P208）；托盘液位（L4507）。

控制方法：聚合物干燥机Ⅰ区温度（T5113）与进入干燥机的 0.55MPa 的蒸汽温度（T5112）和压力（P9804）有关，当温度（T5112）和压力（P9804）出现波动时，Ⅰ区温度（T5113）也随之相应波动，此外，洗涤水温度、滤饼湿度、开车速率也会直接影响Ⅰ区温度（T5113）的变化。

正常调整：

影响因素	调 整 方 法
0.55MPa 蒸汽温度	当 T5112 温度升高时,T5113 温度也会相应升高,此时 T5113 调节阀关小,以减少蒸汽量。如果蒸汽调节阀关到最小,温度仍然上升,且上升到 145℃时会联锁停车,并启动消防喷淋系统。若启动消防喷淋后温度仍然上升,则可能是因为现场消防喷淋未启动成功
0.55MPa 蒸汽压力	当 P9804 蒸汽压力增大时,T5113 温度会随之增大,此时,T5113 自动阀相应关小,当蒸汽压力 P9804 降低时,T5113 自动阀则相应开大
洗涤水温度	二道洗涤水温度的变化会影响聚合物滤饼的干湿程度,从而导致 T5113 温度的变化,可通过调整 0.2MPa 蒸汽自动阀(T4423)来保证 T4423 温度的平稳,从而减小 T5113 的温度波动
滤饼湿度	聚合物滤饼的湿度主要由二道真空过滤机的真空度(P4804)、托盘液位(L4507)及反吹的状况所决定,当滤饼的湿度增加时,可适当提高真空度,当湿度减少时,可适当降低真空度
开车速率	聚合物干燥机的开车速率可根据每小时料仓上涨的聚合物量以及分析数据来确定,若要使速率提高,可提高供料泵(P208)的转数;若要降低速率,则降低供料泵(P208)的转数

异常处理：

现象	原因	处 理 方 法
Ⅰ区温度突然上升	Ⅰ区蒸汽阀开大或全开	当Ⅰ区温度升高时,Ⅰ区蒸汽调节阀关小,以减少蒸汽量。如果蒸汽调节阀关到最小,温度仍然上升,且上升到 145℃时会联锁停车,并启动消防喷淋系统。若启动消防喷淋后温度仍然上升,则可能现场消防喷淋未启动成功,或者干燥机已经发生火灾,此时按事故处理预案进行抢救
	链板物料变薄	检查供料泵(P208)运转是否正常,泵轴是否断,泵及管线是否不畅,溜槽是否堵料,取样分析淤浆固含量是否过低,淤浆罐是否进 DM 水,查明原因后,进行相应处理
	铺料不均	检查测温点,一侧铺料是否薄
Ⅰ区温度突然下降	Ⅰ区蒸汽阀开度不够或全关	检查 0.55MPa 蒸汽温度或压力是否过低,若过低则立即与厂调度和热力车间联系提高 0.55MPa 蒸汽温度或压力
	Ⅰ区蒸汽阀卡住	现场检查Ⅰ区自动阀是否正常,有无仪表风,若没有则与仪表车间联系进行处理
	物料过湿或过干	检查洗涤水温度(T4423)是否正常,真空度(P4804)是否正常,淤浆托盘液位是否正常,真空泵、滤液泵是否正常,查明原因后,进行相应的调节及处理

十三、二道挤条机电流（I5030）

控制范围：≤60A。

控制目标：≤60A。

相关参数：消防水是否喷淋，热网运转情况，出口压力是否过低，凝水排放是否畅通，加热翅片是否存在泄漏，二道过滤机真空度。

控制方法：无控制方案，具体问题手动解决。

正常调整：

影响因素	调整方法
冷冻水流量	冷冻水全开，以撤走挤条机工作时产生的热量

异常处理：

现象	原因	处理方法
挤条机电流高（高于40A）	二道过滤机下料滤饼固含量高	检查二道过滤机、真空度、洗涤水流量及温度
	冷冻水供给量低	检查冷冻水流量及温度
	挤条机模板与刀片的间隙不符合要求	清换挤出头，通知维修工段检查
挤条机电流由低向高持续变化	造粒剂未正常加入、面板堵、挤条机故障	清换挤出头，检查物料内是否有异物，清换挤出头，检查面板上是否有被研成丝饼状的PAN，如果有，从两方面检查：(1)检查面板与刀片间隙；(2)检查聚合部分工艺状态

十四、二道过滤真空度（P4804）

控制范围：−27kPa。

控制目标：−27kPa±2kPa。

相关参数：调节阀、反吹压力

控制方法：二道过滤真空度与反吹管线上的调节阀形成一个控制回路，当真空度高时；开调节阀；当真空度低时，关调节阀。

正常调整：

影响因素	调整方法
真空管线上阀门调节阀的开度	真空度达不到参数时，调节阀相应进行调节，高于参数开阀；低于参数关阀
托盘液位控制值	调整到OI值

异常处理：

现象	原因	处理方法
P4804阀压力迅速上升（超过设定值2kPa时）	调节阀全关或卡死	检查仪表风阀，与仪表车间联系处理
P4804阀压力迅速下降（超过设定值2kPa时）	调节阀全开或卡死	检查仪表风阀，与仪表车间联系处理
	滤布泄漏	检查滤布的使用情况，如需要更换，通知有关人员
	真空泵运转不正常	检查泵运转情况，找维修人员处理
	密封水流量不足或有大量气泡，托盘液位过低，反吹压力过大	上调水封水量，检查消泡剂配制及加入情况

【任务评价】

序号	学习目标	评价内容	评价结果				
			优	良	中	及格	不及格
1	识读聚合岗位流程图	聚合釜					
		浆料的过滤和贮存					
		聚合物挤出成型及干燥					
		聚合物的风送和贮存					
2	聚合岗位操作	单体汽提塔操作					
		单体配置					
		聚合釜温度控制					
		真空度控制					
		干燥温度控制					
		挤条机电流控制					
		螺杆泵操作					
		水环真空泵操作					

【知识拓展】

　　真空转鼓过滤机是连续式过滤机的一种，构造与转筒真空过滤机相似，操作原理也相同，以负压作过滤推动力，过滤面在圆柱形转鼓表面。这种过滤机最初用于制碱和采矿工业，后来应用扩展到化工、煤炭和污泥脱水等部门。真空转鼓过滤机工作原理示意如图 3-5 所示。

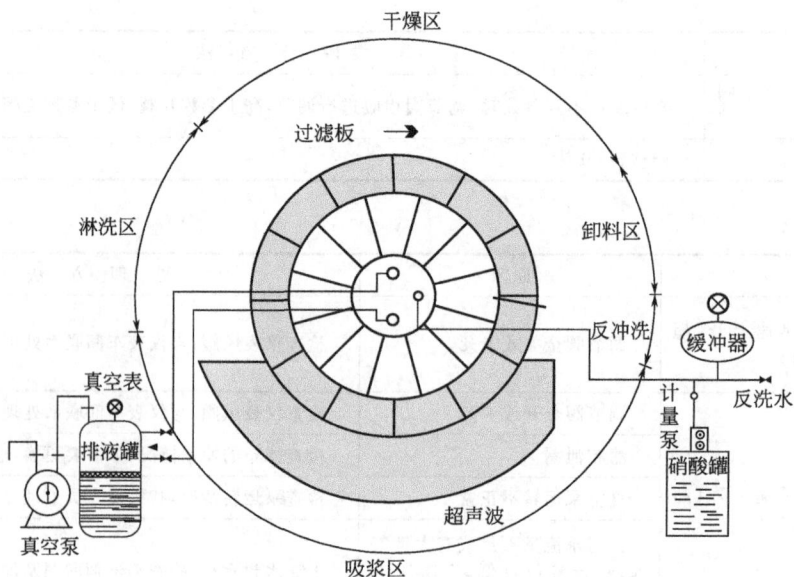

图 3-5　真空转鼓过滤机工作原理示意

（1）吸浆区　工作时浸没在料浆的过滤板在毛细作用下结合真空压力表面吸附成一层滤饼，滤液通过滤板进分配阀至排液罐。

（2）淋洗区　滤饼转出料浆斗后。对滤饼进行喷淋洗涤。

（3）干燥区　滤饼继续在高真空力的作用下脱水。

（4）卸料区　进入无真空的情况下刮刀自动卸料。

（5）反冲洗　工业水或滤液通过分配阀进入陶瓷板由内向外清洗堵塞的微孔。在陶瓷板使用一个周期后，采用超声波配合低浓度酸混合清洗，保持陶瓷板的高效使用。

任务四　腈纶前纺岗位操作

【任务介绍】

腈纶前纺岗位主要包括原液加热过滤增压、纺丝、冷却集束卷绕等工序，此外还包括辅助 N_2 循环系统、甬道加热系统。本岗位主要的生产任务是通过纺丝机将原液加工制成腈纶原丝。

【相关知识】

一、工艺流程简图

前纺工艺流程简图如图 3-6 所示。

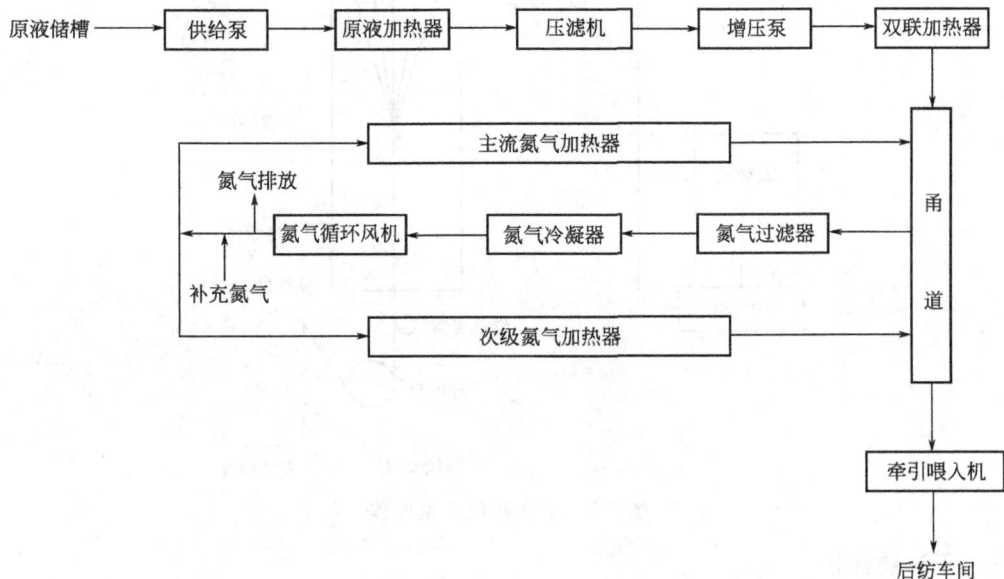

图 3-6　前纺工艺流程简图

工艺流程说明如下。

合格的原液经供给泵加压后送至原液加热器，在原液加热器上对原液进行加热，一方面降低原液黏度，为原液输送提供较好的条件；另一方面使聚合物能够更好的溶解，加热后原液通过原液压滤机进行过滤，过滤掉其中的杂质和不溶物，过滤后原液经原液增压泵送至纺丝机原液总管，进一步分配到每个纺位的双联加热器中，进入纺丝甬道，在甬道内挥发掉大部分 DMF 后进入浴槽，在浴槽内被稀液冷却后经丝束导向机构进入牵引喂入机至后纺。

丝束在甬道内成型时需要采用氮气做介质带走大部分 DMF，并保证 DMF 的蒸发过程得以顺利进行。氮气是循环使用的，氮气经风机后被分成两股，一股氮气经 3.5MPa 蒸汽和电加热后从甬道气室进入甬道，在甬道内自上而下，这部分氮气的温度一般控制在 360℃ 以上，根据生产品种的不同进行调整；另一股氮气经 1.5MPa 蒸汽加热后从甬道下部进入甬道，在甬道内自下而上，温度一般控制在 125℃ 左右，两股氮气在甬道内靠近下甬道位置被吸走，经氮气过滤器过滤掉杂质后进入氮气冷凝器，在氮气冷凝器内被冷却到 15℃ 以下，以使氮气中夹带的 DMF 充分冷凝，冷凝下来的 DMF 靠重力返回到聚合车间回收岗位，而氮气则通过鼓风机进行循环，在此过程中排放一部分氮气，并补充部分氮气来保证系统内氧含量在控制范围内。

二、干法纺丝成型原理

纺丝原液被挤压出喷丝孔而进入纺丝甬道后，由于与甬道中热气流的热交换，使原液细流温度上升，当细流表面温度达到溶剂沸点时，便开始蒸发，使原液细流中的高聚物浓度增加，而溶剂含量则不断降低，当达到凝固临界浓度时，原液细流便固化为丝条。原液细流的凝固速率主要取决于溶剂的蒸发和扩散速率，干法纺丝成型原理如图 3-7 所示。

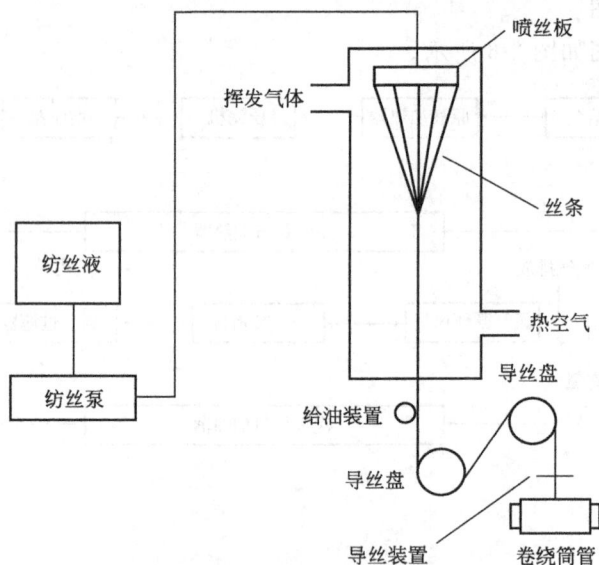

图 3-7 干法纺丝成型原理

三、干法纺丝机

① 原液输送、分配、加热、纺丝装置 纺丝总管、计量泵、双联加热器、纺丝头组件。

② 原液凝固装置 纺丝甬道。

③ 丝束导向收集装置 给湿冷却、导丝集束、喂入牵引。

四、N_2 循环系统

N_2 循环系统流程如图 3-8 所示。

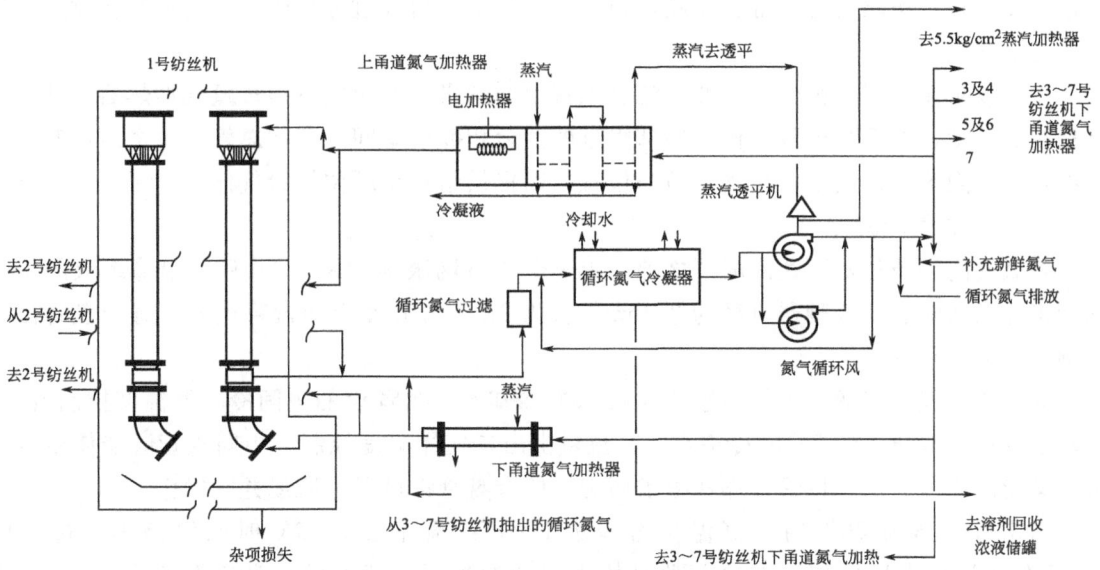

图 3-8 N₂ 循环系统流程图
$1kg/cm^2 = 0.098MPa$

1. 概述

纺丝甬道实际上是一个并流的干燥器，在此干燥器中，热气体从原液中蒸发液体，留下固体物，蒸发出的液体从热惰性气体中通过冷凝进行回收，然后气体再加热并通过封闭系统再循环。利用氮气作为惰性循环气体，以防止可能发生的火灾或爆炸。

2. 鼓风机及其驱动

共有三台离心风机，风机使氮气通过每一个封闭系统循环。每台风机都具有满负荷运转工作能力，当需要量低时，以 25% 负荷运转不会喘振，控制主氮气总管吸入压力和排气压力以保持风机有恒定的负荷，这样就减少了风机喘振的可能性。每台风机入口的止回阀可以防止紧急停车时的任何回流。

风机壳体和传动轴均被密封以防止空气泄漏进封闭系统，所有轴承均封在气流之外，避免污染。

两台风机用电动机驱动，而另一台风机利用蒸汽透平驱动。蒸汽透平的进口压力设计为 28～34MPa，出口压力设计为 5.5MPa。

3. 循环氮气加热和分配系统

必须供给每个纺丝甬道两股热惰性气体。气体离开风机之后，被分成两股支流：一股用作主流氮气或称之为循环氮气，由 3.5MPa 蒸汽和电加热到约 400℃；另外一股为次级氮气或称再循环氮气，由 1.5MPa 蒸汽加热到 100～140℃，循环氮气加热器具有三个蒸汽盘管和一个电热盘管，设计加热供给两台纺丝机合计有 28 个纺丝位的气体。冷氮气在头道盘管由冷凝蒸汽初步加热，此氮气在到达电加热器升温之前，先经过与之相邻的两个盘管，如有必要，电加热器升温至特殊产品所需温度。来自非冷凝盘管的蒸汽去风机透平。每一股支流进一步细分到每台纺丝机上。主循环氮气在总管分配系统有辅助的电加热器，以维持和控制各路去纺丝机甬道的主循环氮气温度，到每个甬道去的每条管线上都有孔板以均衡气流。各台纺丝机的气体压力都在控制之下。限流孔板保证了供给每个甬道的气体相等。然后循环氮气进入装在每个纺丝甬道上部位于喷丝板之上的气室。再经过分配网进入甬道和从喷丝板挤出的丝束并流而下。

次级或再循环氮气被分成几股支流进入每台纺丝机，每股气流通过氮气加热器使其达到所控制的温度，然后流进位于甬道底部附近的两台相邻设备间的分配总管，每个纺位有一根排出管，把限流孔板放在排出管的适当位置，以提供给每个纺位等量气体。

4. 循环氮气冷凝器

当氮气离开纺丝机到达冷凝器之前，由三个 4 目网眼筛和两个 30 目网眼筛组成的不锈钢筛将纤维屑除去。冷凝器直径为 2.45m，长为 9m，由五套冷却盘管组成，每个盘管由不锈钢管带铝翅片制成。

前三个与气体接触的盘管一般通入约 30℃ 冷却水，由预设的中间冷凝器温度控制流量。后两个盘管一般通入约 8℃ 的冷冻水，其流量由出口气体温度控制，中间盘管既能使用冷却水，又能使用冷冻水，按最佳操作要求而定，所有盘管都可以串联或并联操作。

当出口气体为 20℃ 时，高温报警表示 DMF 冷凝不良，35℃ 时联锁停车。过冷的 DMF 在冷凝器中形成雾，在冷凝器气体出口处的最后一级盘管上装有除雾器。DMF 燃点为 445℃，DMF 着火曲线表明当氧含量超过 8.2% 和 DMF 大于 3% 且温度超过 445℃ 时就会引起火灾及爆炸。为安全起见，在超出这些界限前提供报警及控制，循环氮气系统的设计温度虽然是 425℃，但是从气体加热器到纺丝甬道的最大操作温度规定为 410℃，从甬道到冷凝器的气体温度为 350℃，从冷凝器经风机到加热器的气体温度为 15℃。

惰性气体中最大含氧量 8% 是安全操作的主要准则，为了维持系统低于此界限，从风机出口排出用过的气体，并在下游补充新鲜氮气。补进氮气流量要预先确定，排出流量由风机出口压力来控制。氧分析器与补加气体控制阀相连，如果含氧量高达 5%，那么补充的惰性气体量将增加到最大流量，同时高极限报警器将报警，以便采取正确措施。假如含氧量达 8%，联锁将停止纺丝操作。

【任务实施】

一、增压泵入口压力

控制范围：P5622（E）压力为 0.35MPa±0.07MPa。

控制目标：给定的压力不超过设定值±0.06MPa。

相关参数：供给泵转数，增压泵转数，原液加热器温度。

控制方式：P5622（E）是由供给泵的转数来控制的，当增压泵的转数增加或减少时，增压泵入口压力也随着减少或增加，此时通过 P5622（E）调节器来改变供给泵的转数，使 P5622（E）不超过设定值±0.06MPa。

正常调整：

影响因素	调 整 方 法
供给泵转数	供给泵转数增加，P5622(E)压力升高；供给泵转数减少，P5622(E)压力降低
增压泵转数	增压泵转数增加，P5622(E)压力降低；增压泵转数减少，P5622(E)压力升高
原液加热器温度	原液加热器温度升高，P5622(E)压力降低；原液加热器温度降低，P5622(E)压力升高

异常处理：

现象	原因	处理方法
P5622（E）压力快速增加［因P5622（E）为自动状态，压力升高使供给泵转数自动降低］	整台机计量泵全停	将 P5622（E）改为手动控制，并手动调整供给泵及增压泵转数，逐渐降低 P5622（E）压力至正常值。
	供给泵转数突然增加	将 P5622（E）改为手动控制，并手动调整供给泵及增压泵转数，逐渐降低 P5622（E）压力至正常值。
	增压泵偷停	及时将 P5622（E）及增压泵出口压力改为手动控制，手动调整供给泵及增压泵转数，立即关闭偷停增压泵出口阀，使 P5622（E）压力至正常值，联系电工及维修检查增压泵
	甬道停位过多、过快	及时将 P5622（E）及增压泵出口压力改为手动控制，并手动调整供给泵及增压泵转数，使 P5622（E）压力至正常值，同时通知值班长控制好停位节奏
	仪表显示值有问题	及时将 P5622（E）改为手动控制，并手动调整供给泵及增压泵转数，同时通知仪表车间检查 P5622（E）
P5622（E）压力快速下降［此时因 P5622（E）为自动状态，压力快速下降使供给泵转数自动增加］	供给泵偷停	将 P5622（E）及增压泵出口压力改为手动控制，现场操作员立即到现场关闭偷停供给泵出口阀，DCS 主操作员手动调整供给泵及增压泵转数，控制 P5622（E）压力不低于 0.10MPa，联系电工、维修工进行检查
	板框进料过快	将 P5622（E）及增压泵出口压力改为手动控制，调整供给泵转数，现场操作人员缓慢关闭板框进口阀，保证转数变化不高于 20r/min
	板框原液大量泄漏	将 P5622（E）及增压泵出口压力改为手动控制，调整供给泵转数，P5622（E）设定值≤0.25MPa，联系板框车间进行二次加压，如仍泄漏，则停板框，P5622（E）恢复正常控制
	冲稀液失误造成原液大量泄漏	将 P5622（E）及增压泵出口压力改为手动控制，将供给泵和压力控制器也改为手动，调整供给泵、增压泵转数，同时现场操作人员缓慢关闭原液阀，减少泄漏量
	仪表显示偏差	将 P5622（E）改为手动控制，调整供给泵转数，联系仪表检查

二、纺丝机原液内外温度

控制范围：138℃±3℃，126℃±3℃。

控制目标：给定的温度波动不超过设定值±2.5℃。

相关参数：纺丝机蒸汽压力（P9806）。

控制方式：纺丝机原液内外温度通过进入纺丝机的蒸汽压力进行控制。正常情况下，纺丝机原液内外温度由蒸汽压力调节器 PIC6801、PIC6804 控制压力调节阀 PV6801、PV6804 的开度来控制，当蒸汽压力高于或低于压力设定值时，原液温度高于或低于设定温度，压力调节器 PIC6801、PIC6804 输出信号给压力调节阀 PV6801、PV6804，使 PV6801、PV6804 关小或开大，保证纺丝机原液内外温度不超过控制值±2.5℃。

正常调整：

影响因素	调整方法
压力调节阀开度	压力调节阀开大，原液内外温度上升；压力调节阀关小，原液内外温度下降

异常处理：

现象	原因	处理方法
在线纺丝机原液内外温度偏低	原液内外温控蒸汽阀停电、停仪表风	按紧急事故处理，通知调度纺丝装置停车

现象	原因	处 理 方 法
整台机原液温度偏高、偏低	原液内外温蒸汽压力控制仪表阀故障	此时应立即检查蒸汽压力控制仪表阀的控制压力,同时将自动阀打到手动。如果压力高于设定值时,缓慢关调节阀,直到压力达到设定值;如果调节阀位关到"0"时,蒸汽压力仍高于设定值,则需要到现场关蒸汽压力调节阀前手阀。如果压力低于设定值时,则缓慢开调节阀,直到压力达到设定值;如果调节阀位开到"100"时,压力仍达不到设定值,则需要到现场缓慢打开旁路阀,直到压力达到设定值。在调整过程中,停止升位或排料,避免压力产生大的波动。同时通知车间有关人员及联系仪表人员处理
整台机原液温度偏低	蒸汽压力供给不足	立即报告调度,同时停止升位及排料,到现场适当开些旁路阀
	原液内外温控蒸汽阀停电、停仪表风	按紧急事故处理,通知调度纺丝装置停车
升位时单纺位原液温度偏高	仪表显示不准确	联系仪表人员检查处理
	仪表显示准确,疏水器坏,蒸汽直排	升位时,通过小 DCS 画面监测原液内外温度,确认温度偏高之后,联系维修人员检查处理
升位时单纺位原液温度偏低	压缩风阀没有打开	打开压缩风阀,进行水汽换项,打到汽位
	压缩风阀打开,水汽切换阀不换项、齿轮箱不动作、粗滤器及疏水器不畅通,粗滤器缺丝堵塞,蒸汽直排	升位时,通过小 DCS 画面监测原液内外温度,确认温度低之后,停止排料,找维修人员检查处理
	三通球阀反向及水汽串项	联系维修人员检查处理
	双联加热器及水汽软管不畅通	联系维修人员检查处理
停位时单纺位原液温度偏高或温度降得慢	仪表显示不准确	联系仪表人员检查处理
	压缩风阀没有打开	打开压缩风阀,进行水汽换项,打到水位
	压缩风阀打开,水汽切换阀不换项、齿轮箱不动作	通过小 DCS 画面监测原液内外温度,确认温度偏高之后,联系维修人员检查处理
	三通球阀反向及水汽串项	联系维修人员处理
	双联冷却水流量低	开大双联冷却水阀门,增加冷却水流量

三、主流氮气压力 [P7316 (E)]

控制范围:(345～365)mmH$_2$O±10mmH$_2$O (1mmH$_2$O=9.8Pa,下同)。

控制目标:压力波动不超过设定值±8mmH$_2$O。

相关参数:主流氮气温度,风机入口压力,风机出口压力。

控制方式:主流氮气压力是由压力调节器 PC7316 控制压力调节阀 PV7316 的开度来控制的,当主流氮气压力高于或低于设定值时,压力调节器 PC7316 输出信号给压力调节阀 PV7316,使 PV7316 关小或开大,保证主流氮气压力不超过控制值±8mmH$_2$O。

正常调整:

影响因素	调整方法
压力调节阀开度	压力调节阀开大,主流氮气压力上升;压力调节阀关小,主流氮气压力下降
主流氮气温度	主流氮气温度上升,主流氮气压力上升;主流氮气温度下降,主流氮气压力下降
风机出口压力	风机出口压力上升,主流氮气压力上升;风机出口压力下降,主流氮气压力下降

异常处理:

现象	原因	处 理 方 法
主流氮气压力快速下降	压力调节阀故障,关小或全关	手动控制调节阀,关小返回氮气压力调节阀,手动调节风机出口压力调节阀,及时联系仪表人员检查
	甬道连通多个纺位氮气	及时纠正错误操作,并缓慢调整压力调节阀,使系统稳定
	风机出口压力快速下降	PV7217(E)改为手动控制,处理方法见P7204(E)异常处理
	仪表显示偏差	改为手动控制,联系仪表人员检查
主流氮气压力快速上升	压力调节阀故障,开大或全开	手动控制调节阀,增大返回氮气压力调节阀PV7318的开度,手动关闭风机出口压力调节阀PV7204(E),增加氮气补充量[F7211(E)]
	堵甬道	及时查找F7305曲线,找出哪台机堵甬道,及时发现及时处理
	甬道连停多个纺位氮气	纠正错误操作,缓慢调整压力调节阀PV7316使系统稳定
	风机出口压力快速上升	将PV7217(E)改为手动控制,处理方法见P7204(E)异常处理
	仪表显示偏差	改为手动控制,联系仪表人员检查

四、次级氮气压力 (P7313)

控制范围: $(150\sim160)$mmH$_2$O±10mmH$_2$O。

控制目标: 次级压力波动不超过设定值±8mmH$_2$O。

相关参数: 次级氮气流量,氮气循环风机出口压力。

控制方式: 次级氮气压力是由压力调节器PC7313控制压力调节阀PV7313的开度来控制的,当次级氮气压力高于或低于设定值时,压力调节器PC7313输出信号给压力调节阀PV7313,使PV7313关小或开大,保证次级氮气压力不超过控制值±8mmH$_2$O。

正常调整:

影响因素	调整方法
压力调节阀开度	压力调节阀开大,次级氮气压力上升;压力调节阀关小,次级氮气压力下降

异常处理:

现象	原因	处 理 方 法
次级氮气压力下降	压力调节阀故障,关小或全关	手动控制调节阀,及时联系仪表检查
	甬道连通多个氮气	及时纠正错误操作,并缓慢调整压力调节阀,使系统稳定
次级氮气压力上升	压力调节阀故障,开大或全开	手动控制调节阀,通知仪表检查
	甬道连停多个氮气	及时纠正错误操作,并缓慢调整压力调节阀,使系统稳定

五、纺丝工艺操作卡片

纺丝工艺操作卡片见表3-8。

表3-8　纺丝工艺操作卡片

项目	单位	参数
喷丝板孔数	孔	2800
喷丝板孔径	mm	0.12
最终产品纤度	dtex	1.67

续表

项目	单位	参数
原液外部温度	℃	126±3
原液内部温度	℃	138±3
主流氮气加热器 E401-1～6 氮气流量 F7305-1～6	kg/h	1150～4215
主流氮气加热器 E401-1～6 氮气温度 T7315-1～6	℃	(350～370)±5
主流氮气加热器 E401-1～6 氮气压力 P7316-1～6	mmH$_2$O	(345～365)±10
次级氮气加热器 E402-1～6 氮气温度 T7314-1～6	℃	125±5
次级氮气加热器 E402-1～6 氮气压力 P7313-1～6	mmH$_2$O	(150～160)±10
返回氮气压力 P7318-1～6	mmH$_2$O	(-390～-400)±10
甬道气室温度	℃	(345～360)±5
甬道锥体温度	℃	(240～250)±5
上甬道上部温度	℃	(200～210)±5
上甬道下部温度	℃	(170～180)±5

【任务评价】

序号	学习目标	评价内容	评价结果				
			优	良	中	及格	不及格
1	掌握纺丝工艺流程	原液输送、过滤,增压、加热					
		原液凝固					
		N$_2$ 循环					
		丝束给湿收集					
2	掌握纺丝各部分的工艺条件	原液内外温度控制					
		甬道各部温度控制					
		主流氮气压力					
		次级氮气压力					
		氮气系统含氧量					

【知识拓展】

干法纺丝可以在相当高的速度下进行。纺速为 178～384m/min,比湿法纺丝速度大得多。首先因为干法纺丝不像湿法纺丝那样,原纤受凝固浴的摩擦力,其成型机理不同于湿纺,可快速成型;其次是由于纺丝和牵伸后处理工序是不连续的,纺丝不受后道工序速度的制约。同时,由于有大量的聚合物贮存和高度稳定的聚合系统,所以前道工序的暂停也不影响纺丝。另外,高达 98%以上的纺丝机运转率也是湿法纺丝工艺所无法比拟的。高纺丝速度和高运转率的结合使干法纺丝具有很高的生产能力。干法纺丝的速度取决于原液细流在甬道中溶剂的蒸发速度和原液细流中需要释出的溶剂量。随着甬道中温度的提高以及混合气体中溶剂浓度的降低，溶剂蒸发速度加快，纺丝速度可增大。适当提高纺丝原液浓度，减少需要释出的溶剂量，也可提高纺丝速度。纺丝速度的变化（即是指丝条在甬道中停留时间的变化）是被 DMF 脱除的速度所左右的。所以提高纺丝速度，分子在纺丝中定向度加大，纤度、伸度和最大延伸率减少；强度、沸水收缩率随纺丝速度的增加而增大。而 DMF 的残存量没有规律性变化，原因就是它有两种相反的因素影响所致，但总体来看，两种因素还是时间的因素影响大些。

从各厂家的生产资料了解到，过高的纺丝速度会产生下述的不利影响：①减少短纤纱的可拉伸性；②减少纤维的可染性；③增加丝束宽度；④因增加了原液的泵送能力而导致湍流加强；⑤在纺丝室中，因丝的滞留时间减少导致 DMF 蒸发也减少。它的优点：除了增加丝的初纺能力外，还可以提供比较大的孔与孔的间距，孔与孔间大的间距，就可以得到均匀的成型效果，这是改善超大尺寸丝性能的一个重要因素。换一个角度来说，在提高纺丝速度的同时，必须保证纤维能充分而均匀的成型，特别应使纤维在较长的时间内，保持适当的可塑状态，以便进行拉伸。选择最佳的纺丝速度，可以减少所有的副作用，也可以提供可取的工艺连续性、纤维拉伸性和丝束的质量。从几个腈纶厂家的生产来看，最佳的纺速可在 200～350m/min 下进行。

任务五　腈纶后纺岗位操作

【任务介绍】

腈纶后纺岗位包括水洗牵伸和后处理两道工序。本岗位的主要任务是将强度、抱合力等指标都不能满足纺织需要的初生纤维经过后纺加工生产出达到指标要求的丝束、短纤、毛条产品。

【相关知识】

一、工艺流程简图

后纺工艺流程框图如图 3-9 所示。

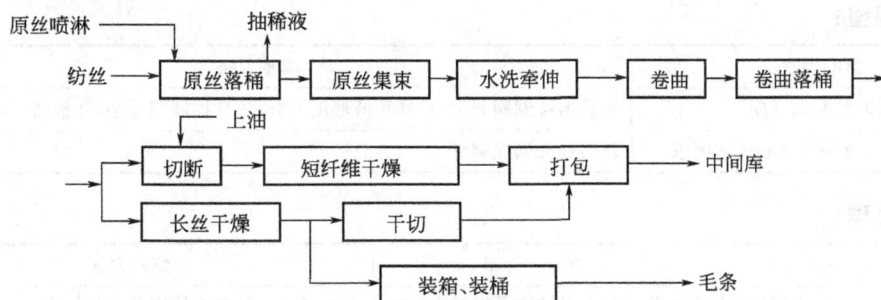

图 3-9　后纺工艺流程框图

工艺流程说明如下。

从纺丝工序来的原丝经集束后进入水洗牵伸机，丝束从牵伸机出口挤压辊引出到上油辊进行上油，上油后的丝束进入丝束罩进行冷却，然后丝束经汽蒸箱加热进入卷曲机进行卷曲，卷曲后的丝束由冷却输送机送至摆丝装置，把丝束铺到盛丝桶里，去后处理工序。

卷曲丝束经过导丝环穿过楼板，再经捕结开关、张力棒进入上油装置，然后进入切断机，将丝束切成要求的长度，切断后的短纤维直接落入干燥机的喂入机，经针板提升机、回转器、卸料辊，均匀地铺放在干燥机的链板上，经汽蒸装置，再经过三个干燥区，到达干燥机的出口，落到出口输送机，送到风送系统的入口处被吸入，经送棉风机送到凝棉器，然后纤维进入打包机料斗，经称重，由打包机打包后入中间库。

若获得长丝及毛条产品，不经过切断，直接干燥装桶即可。

二、水洗牵伸作用

水洗牵伸有两个功能：洗出原丝中的溶剂（DMF）及牵伸纤维。

本工艺中，丝束的水洗牵伸是在水洗牵伸机中完成的。在一组连续的 10 个槽子里，热水与丝束的运动方向相反，丝束中的溶剂 DMF 从丝束中析出。热水是从第 10# 槽溢流到第 1# 槽，而后排出水洗牵伸机到废液回收系统。原丝从第 1# 槽进入，依次经过各槽、各辊，离开第 10# 槽时，原丝中的溶剂 DMF 已基本上析出干净。

牵伸过程必须在链段和大分子链发生运动的基础上来完成。因此，牵伸一定要在高于玻璃化温度（T_g）的温度下进行。本工艺中，使用水作为牵伸介质，时间证明，这种方式纤维的力学性能较好。牵伸倍数是与牵伸辊的速度相应的，不同的产品，牵伸倍数不同，多数产品需要 4.5 倍的牵伸倍数。

【任务实施】

一、牵伸机 1# 浴槽温度

控制范围：1# 浴槽温度（TIC7901）85℃±3℃。

控制目标：给定的温度波动不超过设定值±3℃。

相关参数：稀液流量和温度。

控制方式：浴槽内稀液温度由进入加热器的蒸汽流量控制。正常情况下，浴槽内稀液温度由温度调节器给出设定值，由加热器的蒸汽流量调节阀调解开度，当浴槽内稀液温度高于或低于设定值时，温度调节器输出信号给加热器调节阀，使 FV 关小或开大，保证浴槽内稀液温度不超过控制值±3℃。

正常调整：

影响因素	调整方法
浴槽加热器仪表控制阀开度	加热器控制阀开大,浴槽稀液温度上升;进口控制阀关小,稀液浴槽温度下降
0.5MPa 蒸汽温度没有达到工艺要求	及时通知调度调整

异常处理：

现象	原因	处理方法
牵伸机浴槽稀液温度过高	牵伸机浴槽加热器仪表自动阀开度过大	找仪表人员检查仪表并进行调整
	牵伸机浴槽加热器泄漏	修加热器
	进牵伸机浴槽脱盐水温度过高	控制好脱盐水温度,防止水温过高,及时调整浴槽加热器仪表自动阀
	E501 蒸汽旁路阀打开	E501 蒸汽旁路阀关闭
	牵伸机浴槽加热器测温仪表不准确	找仪表人员检查仪表并进行调整

续表

现象	原因	处理方法
牵伸机浴槽稀液温度过低	牵伸机浴槽加热器仪表自动阀开度过小	找仪表人员检查仪表并进行调整
	加热器的疏水器的疏水效果不佳	检修疏水器
	进牵伸机浴槽脱盐水温度过低	检查浴槽进气阀回水阀是否打开,没打开阀的打开,检查设定温度是否达到工艺要求
	牵伸机浴槽加热器测温仪表不准确	找仪表人员检查仪表并进行调整

二、牵伸机脱盐水流量

控制范围:牵伸机脱盐水流量(FIC7924)(45~65)kg/min±5kg/min。

控制目标:给定的流量波动不超过设定值±5kg/min。

相关参数:阀门开度和脱盐水流量。

控制方式:牵伸机脱盐水流量由脱盐水流量调节阀来控制。正常情况下,脱盐水流量由流量调节阀的开度来控制,当脱盐水流量高于或低于设定值时,流量调节器输出信号给流量调节阀,使FV关小或开大,保证脱盐水流量不超过控制值±5kg/min。

正常调整:

影响因素	调整方法
脱盐水流量调解阀开度	脱盐水流量调解阀开大,脱盐水流量上升;脱盐水流量调解阀关小,脱盐水流量下降
进牵伸机脱盐水旁路阀打开	脱盐水流量旁路打开,造成进牵伸机脱盐水实际流量上升,应及时关闭旁路阀门
脱盐水温度	脱盐水温度过高,造成脱盐水汽化流量不稳,打开DM水排凝阀。把气体排出,排完后关阀即可

异常处理:

现象	原因	处理方法
脱盐水流量过高	脱盐水流量仪表阀开度过大	检查仪表阀并调整
	进牵伸机脱盐水旁路阀打开	关闭进牵伸机脱盐水旁路阀
脱盐水流量过低	脱盐水流量仪表阀开度过小	检查仪表阀并调整
	脱盐水管线泄漏	通知维修人员修理
	进牵伸机脱盐水旁路阀打开	关闭进牵伸机脱盐水旁路阀
	脱盐水流量调解阀前的手动阀开度小	恢复正常

三、牵伸机脱盐水温度

控制范围:牵伸机脱盐水温度(TIC7804)85℃±3℃。

控制目标:给定的温度波动不超过设定值±5℃。

相关参数:加热器阀开度和加热器流量。

控制方式:牵伸机脱盐水温度由进入E501的蒸汽流量控制。正常情况下,脱盐水温度由温度调节器控制E501蒸汽流量调节阀的开度来控制,当脱盐水温度高于或低于设定值时,温度调节器输出信号给加热器调节阀,使FV关小或开大,保证脱盐水温度不超过控制值±5℃。

正常调整:

影响因素	调整方法
E501蒸汽仪表调节阀开度	加热器蒸汽进口阀开大,脱盐水温度上升;加热器蒸汽进口阀关小,脱盐水温度下降

异常处理：

现　象	原　因	处　理　方　法
进牵伸机脱盐水温度过高	进入 E501 的蒸汽流量仪表控制阀开度过大	找仪表人员调整
	E501 泄漏	修 E501
	进入 E501 的蒸汽旁路阀打开	把进入 E501 的蒸汽旁路阀关闭
	测温仪表不准确	找仪表人员检查仪表并进行调整
进牵伸机脱盐水温度过低	进入 E501 的蒸汽流量控制阀开度过小	找仪表人员调整
	脱盐水加热器 E501 疏水器不畅	疏通疏水器
	脱盐水加热器的疏水器的前后阀没有打开	及时打开
	脱盐水加热器的手动蒸汽阀没有打开	及时打开

四、水洗牵伸机丝束卷曲温度

控制范围：水洗牵伸联合机卷曲温度（T8107）(74～82)℃±4℃。

控制目标：给定的温度波动不超过设定值±2℃。

相关参数：蒸汽流量和蒸汽温度。

控制方式：卷曲温度由进入蒸汽箱的蒸汽流量控制。正常情况下，卷曲温度由温度调节器给出设定值，由蒸汽箱流量调节阀调解开度，当测出的卷曲温度高于或低于设定值时，温度调节器输出信号给蒸汽箱蒸汽流量调节阀，使 FV 关小或开大，保证卷曲温度不超过控制值±2℃。

正常调整：

影响因素	调整方法
卷曲机的蒸汽手动调节阀的开度	卷曲机的蒸汽手动调节阀的开度开大，卷曲温度上升；手动调节阀的开度关小，卷曲温度下降
丝束蒸汽箱的蒸汽流量仪表调节阀的开度	蒸汽流量调节阀的开度开大，卷曲温度上升；蒸汽流量调节阀的开度关小，卷曲温度下降
牵引辊处进风系统调节阀的开度	进风系统调节阀的开度开大，卷曲温度下降；进风系统调节阀的开度关小，卷曲温度上升
丝束罩处门是否关严	丝束罩门没有关好，影响卷曲温度。将丝束罩处门关严
丝束罩处排风系统是否畅通	及时清理排风滤网
10# 槽温度是否在工艺值	及时调整 10# 浴槽温度，检查 10# 浴槽仪表阀，有问题时找仪表人员处理

异常处理：

现　象	原　因	处　理　方　法
卷曲温度过高	卷曲机的蒸汽手动调节阀的开度过大	及时调整卷曲机的蒸汽手动调节阀，控制温度达到工艺要求
	丝束蒸汽箱的蒸汽流量调节阀的开度过大	及时调整丝束蒸汽箱的蒸汽流量调节阀的开度，控制温度达到工艺要求
	卷曲探头测量不准确	找仪表人员前来处理

续表

现象	原因	处理方法
卷曲温度过低	卷曲机的蒸汽手动调节阀的开度过小	及时调整卷曲机的蒸汽手动调节阀
	丝束蒸汽箱的蒸汽流量调节阀的开度过小	及时调整蒸汽箱的蒸汽流量,控制温度达到工艺要求
	牵引辊处进风系统蝶阀的开度过大	调整牵引辊处进风调节阀开度

五、纤维干燥机汽蒸靴流量

控制范围（FIC8401-1）：(1350～1750)kg/h±50kg/h。

控制目标：给定的蒸汽流量波动不超过设定值±50kg/h。

相关参数：干燥机链板速度、铺料厚度、排气风机频率、水平帘速度、针板速度。

控制方式：干燥机汽蒸靴流量大小是控制短纤维收缩率的重要指标。采用0.55MPa的蒸汽给纤维加热，正常情况下，干燥机汽蒸靴流量由流量调节器FIC8401控制汽蒸靴蒸汽流量的开度来控制，当干燥机蒸汽流量高于或低于设定值时，汽蒸靴孔板流量计检测到流量的信号输出给干燥机汽蒸靴流量调节阀，使F8401关小或开大，保证汽蒸靴流量不超过控制值±50kg/h。

正常调整：

影响因素	调整方法
汽蒸靴流量开度	汽蒸靴调节阀开大,蒸汽流量变大,短纤维温度变高,收缩率较好;汽蒸靴调节阀开小,蒸汽流量变小,短纤维温度降低,收缩率较差
干燥机铺料	干燥机铺料均匀,蒸汽穿透纤维均匀,收缩率较好,干燥机铺料不均匀,纤维收缩效果较差

异常处理：

现象	原因	处理方法
干燥"缩率"超标	干燥机汽蒸靴流量不在工艺值内	及时调整汽蒸靴流量的工艺值
	干燥机汽蒸靴流量调节阀不好用	联系仪表人员维修调节阀
	汽蒸靴没有蒸汽	调整干燥机排气风阀开度
	汽蒸靴接液盘的排风、排液系统不畅通	清理接液盘的排风、排液系统内的粉尘
干燥链板上料铺不均匀	干燥机回转器没有正常运行	调整回转器的速度
	水平帘速度过快	调整水平帘速度到工艺值
	干燥机链板速度不在工艺值内	调整干燥机链板速度
	汽蒸靴刮料	调整汽蒸靴高度
	干燥机卸料辊没有正常运转	调整卸料辊速度

六、短纤维干燥机一区温度

控制范围（TIC8407-1）：(110～125)℃±5℃

控制目标：给定的温度波动不超过设定值±5℃。

相关参数：干燥机排风量，循环风机风量，链板的铺料厚度，进干燥机的蒸汽温度，链板的速度。

控制方式：干燥机一区温度由进入一区温度调节阀控制。正常情况下，干燥机一区温度由温度调节器控制干燥一区调节阀的开度来控制，当干燥机一区温度高于或低于设定值时，温度调节器输出信号给一区温度仪表调节阀,使调节阀关小或开大,保证干燥机一区温度不超过控制值±5℃。

正常调整:

影响因素	调整方法
蒸汽调节阀开度	一区蒸汽调节阀开大,干燥机一区温度升高;调节阀关小,一区温度降低
干燥机铺料厚度	干燥机铺料过厚,干燥一区温度降低;干燥机铺料变薄,干燥一区温度升高
干燥机门密封情况	找维修人员进行维护

异常处理:

现　象	原　因	处理方法
一区温度过低	温度调节阀故障,调节阀没有开	联系仪表人员检查仪表阀
	0.55MPa 蒸汽温度低	报告调度,空分车间协调解决
	一区循环风机故障	维修人员及时处理循环风机
	一区加热器滤网粉尘较多	清理加热器滤网
	干燥机门密封不好	找维修人员进行维护
	疏水器故障	更换疏水器
仪表盘上一区温度无显示	仪表温度显示器损坏	联系仪表人员检查
	仪表温度热电阻损坏	仪表更换温度热电阻

七、主要工艺卡片

后纺主要工艺参数见表3-9。

表 3-9　后纺主要工艺卡片

名称	项　目	单位	范　围
水洗牵伸机	入口挤压辊压力	MPa	0.45±0.05
	出口挤压辊压力	MPa	0.45±0.05
	喷淋水温度 TIC7801	℃	40±5
	脱盐水流量 FIC7924	kg/min	60±5
	1# 浴槽温度 TIC7901	℃	85±3
	2# 浴槽温度 TIC7904	℃	92±3
	5# 浴槽温度 TIC7910	℃	95±3
	8# 浴槽温度 TIC7915	℃	95±3
	10# 浴槽温度 TIC7920	℃	95±3
	上油辊速度	r/min	100±20
	磨损圆盘压力	MPa	0.4~0.5
	卷曲上辊压力	MPa	0.35~0.45
	卷曲下辊压力	MPa	0.05~0.25
	卷曲速度	r/min	1300±100
	卷曲丝束温度 TIC8107	℃	78±4
	传送驱动速度	r/min	100±10

续表

名称	项　　目	单位	范　　围
干燥机	汽蒸靴蒸汽流量	kg/h	(1350～1750)±50
			0(中缩)
	干燥Ⅰ区温度	℃	(110～125)±5
			(70～110)±5(中缩)
	干燥Ⅱ区温度	℃	(110～125)±5(1～3)
			(105～125)±5(4)
			(80～110)±5(中缩)
	干燥Ⅲ区温度	℃	(60～85)±5
			(45～80)±5(中缩)
	切断丝束	股数	4/2股(2.5in/5in)
	油剂流量	L/h	(100～120)±10(1～3)
			(120～140)±10(4)
	链板速度	块/min	9～11
打包机	成包净重	kg	240±20

注：1in≈2.54cm。

【任务评价】

序号	学习目标	评价内容	评　价　结　果				
			优	良	中	及格	不及格
1	掌握腈纶后纺工艺流程及主要岗位作用	水洗牵伸机作用、水槽温度					
		牵伸倍数					
		卷曲作用					
		干燥温度					
		切断要求					
2	掌握腈纶后纺主要岗位操作要点	牵伸机浴槽温度如何控制					
		牵伸机脱盐水流量如何控制					
		牵伸机脱盐水温度如何控制					
		短纤干燥机温度如何控制					

【知识拓展】

腈纶毛条的应用

1. 生产方法

采用拉断法生产工艺，是以纺丝车间生产的腈纶长丝为原料，经毛条车间的拉断机拉断制成各种规格的腈纶毛条，经打包称重出厂。

2. 产品性能

该产品具有腈纶纤维的各项优良性能，因而制造膨体毛条后，条干饱满，具有较好的弹性和保暖性；手感柔软、蓬松，密度比羊毛小；强度好，高于羊毛；染色性能好，色泽鲜艳，不霉不蛀，具有较好的耐腐蚀性、耐氧化性及耐光性。

3. 产品标准

行业标准 FZ/T 53002—2000。

4. 用途

该产品主要用于各种纯纺和混纺织物，如膨体绒线、立绒装饰布、长毛绒、腈纶地毯、腈纶羊毛衫、人造毛皮等。广泛用于纺织行业，即可纯纺，也可混纺制成各种毛织品、针织品、膨体绒线、人造毛皮、装饰布、毛毯、地毯、天鹅绒等纺织品。

5. 包装与储运

每个毛球分别用塑料袋包装好，再用丙纶编织布包装成大包，用铁皮带扎紧。包装标明厂名、品名、批号、等级、净重等标志。该产品应存放在阴凉、干燥、通风、清洁的仓库中，不得乱堆、乱放，库内需备有消防设施。公路、水运、铁路运输均可，运输过程中应避免与其他产品混装，避免曝晒、雨淋。

6. 使用注意事项

① 吊装时应采取措施避免包装带断裂。

② 远离火源。

项目四

氨 纶 生 产

氨纶学名为聚氨基甲酸酯纤维，也叫聚氨酯弹性纤维，是以聚氨基甲酸酯为主要成分〔由至少 85%（质量分数）的聚氨酯链段组成〕的一种嵌段共聚物制成的纤维，国际统称"斯潘得克斯"（Spandex），聚氨酯的英文简称为 PU。

氨纶的性能优良，有着其他任何一种纤维都无法比拟的弹性，其断裂伸长率大于400%，通常在 500%～700%，最高可达 800%，形变 300% 时的弹性回复率达 95% 以上。另外氨纶还具有白度保持性好、耐疲劳性好、弹性模量低（0.11～0.45cN/dtex）、密度小（1.0～1.3g/cm³）、耐热性较好（软化点约为 200℃，分解温度为 270℃）、吸湿性较好（在20℃、65% 的相对湿度下，回潮率为 1.1%）等特点，氨纶能溶于强极性溶剂，因此其织物在洗涤时应避免使用次氯酸钠型漂白剂。氨纶被喻为纺织品的"工业味精"，在天然纤维与合成纤维中加入少许氨纶（2%～5%）可大大提高其最终产品的服用性能与产品的附加值。表 4-1 为氨纶性能一览。

表 4-1 氨纶性能一览

项 目	指 标
拉伸强度/(cN/dtex)	0.5～1.5
断裂伸长/%	400～800
模量/(cN/dtex)	0.15～0.45
残余伸长/%	20
耐老化	好
染色性	好
耐磨性	良好
抗臭氧性	好
耐化学药品性	较强
热稳定性	好
耐碱性	较差
耐微生物降解性	较差
抗油性	一般
耐光性	较差

进入 21 世纪后我国氨纶市场开始进入高速的发展时期，尤其是受到弹力面料流行趋势的带动，促进了氨纶行业的发展，而我国作为传统的纺织市场在氨纶的发展中占据地利、天时的优势。国内企业开始高度关注氨纶这一"贵族纤维"的高利润，开始增加氨纶行业的投入，而外资企业是也看到中国的发展潜力，产能向中国转移。2005 年氨纶反倾销终裁之后，更是加快了氨纶行业在中国的发展速度，目前中国氨纶产能已经占到了全球产能的 60% 左右。2010 年产量达到 40 万吨。

"贵族纤维"平民化，国内氨纶企业每年以 10%～15% 的速度发展，迅速扭转了国外氨纶大量挤占国内市场的被动局面。目前国内氨纶企业已发展到 20 几家，见表 4-2。

表 4-2   部分企业氨纶产品的生产能力

生产企业	生产能力/(万吨/年)	生产企业	生产能力/(万吨/年)
华峰氨纶	4.2	益邦氨纶	1.85
晓星氨纶	3.9	海宁薛永兴	1.5
双良氨纶	3	常熟泰光	1.4
烟台氨纶	2.2	诸暨华海	0.9
邦联氨纶	2	杭州舒尔姿	1.2

任务一   认识氨纶生产装置和工艺过程

【任务介绍】

某氨纶厂氨纶裸丝的生产能力为 4000t/a，采用韩国晓星技术：连续干法纺丝聚醚型氨纶生产技术，聚醚二醇 PTMG 与二异氰酸酯 MDI 以 1∶2 的摩尔比在一定的反应温度及时间条件下形成预聚物，预聚物经溶剂混合溶解后，再加入二胺进行链增长反应，形成嵌段共聚物溶液，再经混合、过滤、脱泡等工序，制成性能均匀一致的纺丝原液，通过干法纺丝技术凝固成丝，然后上油卷绕获得裸丝，聚合过程中未反应的单体，以及纺丝原液中的溶剂回收循环使用。目前企业招收一批新员工，经过企业三级安全教育之后的新员工即将参加生产工艺培训，培训合格后将成为氨纶生产装置的操作工人，首要任务是了解装置的生产方法和原理，熟悉和掌握生产工艺流程的组织。

【相关知识】

一、氨纶生产的工艺路线

目前的氨纶生产工艺路线有溶液干法、溶液湿法、反应纺、熔融纺四种。

溶液干法纺丝是目前世界上应用最广泛的氨纶纺丝方法。干法纺丝产量约占世界氨纶总产量的 80%。其纤度为 1.1～123tex，纺丝速度一般为 200～600m/min，有的甚至可高达 1200m/min。干法纺丝工艺技术成熟，制成的纤维质量和性能都很优良。杜邦、拜耳、东洋纺、晓星等国外大型企业及国内大部分厂家均采用溶液干法纺丝技术，见表 4-3。

表 4-3   世界主要纤维制造厂商、品牌及生产工艺

制 造 厂 商	品 牌	生 产 工 艺
英威达	Lycra/Elaspan	
旭化成	Roica	
拜耳	Dorlastan	
泰光产业	Acelan	
东洋纺	Espa	干法(聚醚)
晓星	Toplon	
烟台氨纶厂	纽士达	
连云港氨纶厂	奥神	

续表

制 造 厂 商	品 牌	生 产 工 艺
可乐丽	Rexe	熔纺(聚酯)
日清纺	Mobilon	
钟纺	Lubell/novac	
富士纺	Fujibo	湿法(聚醚)
东国合纤	Texlon	干法/湿法(聚醚)
环球	Glospan	化学反应法

二、聚醚型和聚酯型氨纶的不同

氨纶（聚氨基甲酸酯纤维）是一种嵌段共聚物，一般由聚氨基甲酸酯键形成的软链段与脲键形成的硬链段交替构成氨纶分子长链（熔融纺氨纶由于其不同的合成工艺，有所不同），一般数均分子量在 25000 以上。软链段处于卷曲的无定型状态，分子之间能够滑移，在张力作用下可以被拉长。而硬链段相互之间形成氢键，处于类似于结晶状态，起到"缔结"点的作用。正是由于这种独特的分子结构，氨纶不仅具有高弹性，同时还具有拉伸后优良的恢复性能。

按软链段的分子结构区分，氨纶分为聚醚型和聚酯型，聚醚型氨纶的主原料为聚醚二醇（PTMG），聚酯型氨纶的主原料为聚酯二醇（PEG）。相比之下由聚醚组成的软段内旋转比聚酯的好，因而聚醚型氨纶的柔软性及弹性比聚酯型好。聚酯型氨纶抗氧化、抗油性较强；聚醚型氨纶防霉性、抗洗涤剂较好，聚醚型氨纶耐水解性好；而聚酯型氨纶的耐碱、耐水解性稍差。目前市场上大部分为聚醚型氨纶。

【任务实施】

一、认识生产装置

实施方法：播放影像资料，了解生产装置基本组成。聚氨酯装置如图 4-1 所示。

图 4-1 聚氨酯装置

晓星连续干法纺丝聚醚型氨纶的生产，是以聚醚二醇 PTMG 与二异氰酸酯 MDI 为主要原料，熔融加聚形成预聚体，预聚物经溶剂 DMAC 混合溶解后，再加入二胺进行扩链增长反应，形成嵌段共聚物溶液，再经混合、过滤、脱泡等工序，制成性能均匀一致的纺丝原液，然后用计量泵定量、均匀地压入纺丝头。在压力的作用下，纺丝液从喷丝板毛细孔中被挤出形成丝条细流，并进入甬道。甬道中充有热氮气，使丝条细流中的溶剂迅速挥发，并被空气带走，丝条浓度不断提高直至凝固，与此同时丝条细流被拉伸变细，最后经空气假捻、上油后卷绕成一定重量的筒子。为了消除纤维内应力，均衡丝条含油，将氨纶丝筒在温度为30～40℃、相对湿度为65％±5％的房间内平衡15天，然后分级，装箱打包出厂。其流程框图如图4-2所示。

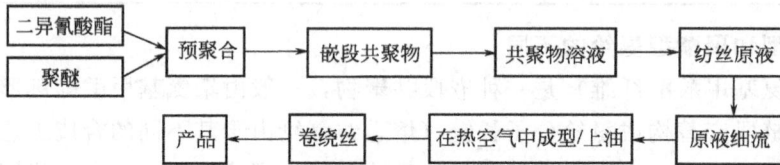

图 4-2 氨纶生产装置工艺流程框图

二、识读工艺流程图

晓星干法氨纶生产工艺可以分为精制、聚合、纺丝卷绕三个工序。干法氨纶装置工艺流程示意如图4-3所示。

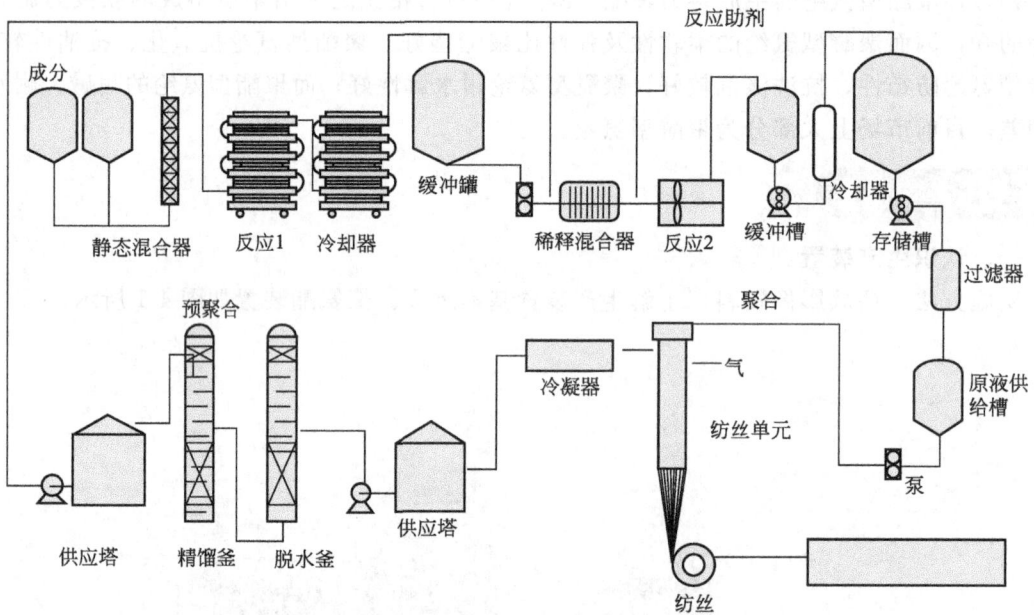

图 4-3 干法氨纶装置工艺流程示意

流程说明如下。

1. 聚合工序

采用连续聚合工艺，经过预聚合、溶解、扩链、熟化等过程最终合成高分子量嵌段共聚物 DMAC 溶液。

以 PTMG（聚四亚甲基醚二醇）和 MDI（4,4'-二苯基甲烷二异氰酸酯）为主原料，按特定的摩尔比在预聚合反应器中连续反应，生成特定 NCO 含量的预聚物；预聚物中定量加入溶剂 DMAC（二甲基乙酰胺），经过溶解机使其充分溶解，并进入扩链反应器，同时加入经过计量的扩链/终止剂溶液，经过扩链反应器生成聚合原液，再加入定量的添加剂溶液，混合均匀后成为纺丝溶液。

2. 纺丝及 DMAC 回收工序

聚合物原液经输送，进入纺丝储槽。从纺丝槽输送来的原液通过齿轮计量泵输送给纺丝组件。经喷丝板喷出后，进入纺丝甬道。250℃左右的干燥热空气，由纺丝甬道上部引入，将丝束中的溶剂 DMAC 蒸发出来。一部分含 DMAC 蒸汽的热风从纺丝甬道中上部抽出；另一部分含 DMAC 蒸汽的热风从纺丝甬道下部抽出。此时，原液凝固成丝束。经假捻、上油后在卷绕机上卷成一定重量的筒子。

纺丝过程所用的热空气，由纺丝热媒系统加热后供给。纺丝甬道抽出的热风经热交换器和冷凝器，将携带的气态 DMAC 冷凝，被冷却的热空气再经加热达到纺丝甬道要求的温度后，送至纺丝甬道循环使用。而被冷凝下来的液态 DMAC，送入精制工序处理后重复使用。

3. DMAC 精制工序

从纺丝工序冷凝的液态 DMAC，因含有水分及杂质，不能直接用于聚合，必须经过精制处理，使其达到满足聚合使用的工艺指标。

精制工序由蒸馏和精馏两个塔串联组成，采用减压蒸馏工艺，除去液态 DMAC 中的水分和杂质，并经过离子交换后使 DMAC 各项工艺指标均达到聚合可以使用的标准，存入 DMAC 储罐待用。

从精馏塔底部的抽出的重沸物通过一个独立的蒸馏塔进一步回收。

【任务评价】

序号	学习目标	评价内容	评价结果				
			优	良	中	及格	不及格
1	掌握氨纶不同的生产方法	干法、湿法、融法					
		两步干法					
2	能识读腈纶干法工艺流程图	精制工序的作用					
		聚合工序的作用					
		纺丝卷绕回收溶剂工序的作用					
3	晓星干法氨纶特点	连续还是间歇					
		聚醚还是聚酯					
		溶剂 DMF 还是 DMAC					

【知识拓展】

氨纶的应用

氨纶丝的运用起始于针织内衣三口（领口、袖口、裤口）。以前的针织内衣多用纯棉原料，经水洗后弹性消失，三口变形，既不保暖，也不美观。氨纶问世后，针织内衣三口罗纹采用加入氨纶丝的织布工艺，大大改善了三口弹性。随着氨纶应用技术的进一步提高，许多纺织品以氨纶为纱芯，外包锦、涤、棉、麻、毛、真丝等纤维，制成各种包芯纱、包覆纱、合捻纱加以运用，氨纶自身的弹性优点与其他纤维的固有特性有机结合，相得益彰。氨纶应用领域越来越广——已从针织品扩大到机织品，从功能性织物向服装面料发展，从内衣向外衣发展，并从女性服饰向男装延伸，并赢得"人类第二皮肤"的美誉，氨纶织物已成为最流行的国际性时尚消费品。

氨纶织物用途广、品种多。目前根据氨纶在织物中的拉长倍数主要分为紧身型、舒适型和宽松型。

紧身型的氨纶织物弹性极高，能紧密配合人体每一个动作，伸缩自如，又不产生束缚感，主要用于制作体操服、游泳衣、溜冰衣、高尔夫球衣等各种体育运动服，氨纶已经成为运动类服装的标准成分；舒适型织物多用在女性紧身衣、健美服、内衣、胸罩、裤袜、高弹袜等方面，氨纶使织物与身体密切接触，发挥巧妙的修饰和承托作用，美化人体曲线，却又完全没有压迫感，甚得女性青睐；宽松型的氨纶织物如休闲装等，由于氨纶丝的作用，大大增加了褶皱复原力，久穿而不变形，提高了服装的生动性、悬垂性和保型性。氨纶丝的加入还使传统的灯芯绒、劳动布、牛仔布等服装用料生机再现，成为年轻人的最爱。

氨纶不仅用于纺织领域，目前已发展到产业、生物医疗等应用领域，包括可用作家具、汽车座椅外囊装饰面料、各种装饰花边，用于外科弹性绷带、运动护膝、人工器官材料及各种辅助器材设备等。

任务二　聚合岗操作条件影响分析

【任务介绍】

温度、时间等操作条件控制的得当，可以提高产品质量，直接影响生产的效率和效益。了解操作条件的确定依据以及条件变化对生产的影响才能在实际生产中按照生产要求进行操作条件的监控和调节控制，确保生产安全、顺利的进行。

【相关知识】

一、干法聚醚型氨纶聚合机理

采用两步法：首先由脂肪族聚醚或脂肪族聚酯与二异氰酸酯加成生成预聚体，预聚体的端基为异氰酸酯基（—NCO），平均相对分子质量较低（<5000），然后在预聚体中加入扩链剂进行反应，扩链剂（低分子二胺）中的双官能团（—NH_2）与预聚体分子中的异氰酸酯基反应，使分子链进一步扩展，生成相对分子质量在 $2\times10^4 \sim 5\times10^4$ 之间的嵌段共聚物。同时加入单官能团小分子封闭活性端基，控制链增长。

1. 预聚体的制备

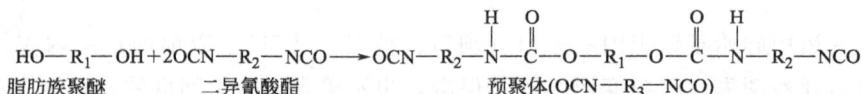

$$\text{HO—R}_1\text{—OH}+2\text{OCN—R}_2\text{—NCO} \longrightarrow \text{OCN—R}_2\text{—N—C—O—R}_1\text{—O—C—N—R}_2\text{—NCO}$$

脂肪族聚醚　　　二异氰酸酯　　　　　　　预聚体(OCN—R_3—NCO)

2. 扩链反应

$$O=C=N\sim\sim N=C=O+H_2N-R-NH_2+O=C=N\sim\sim N=C=O \xrightarrow{\text{放热反应}}$$

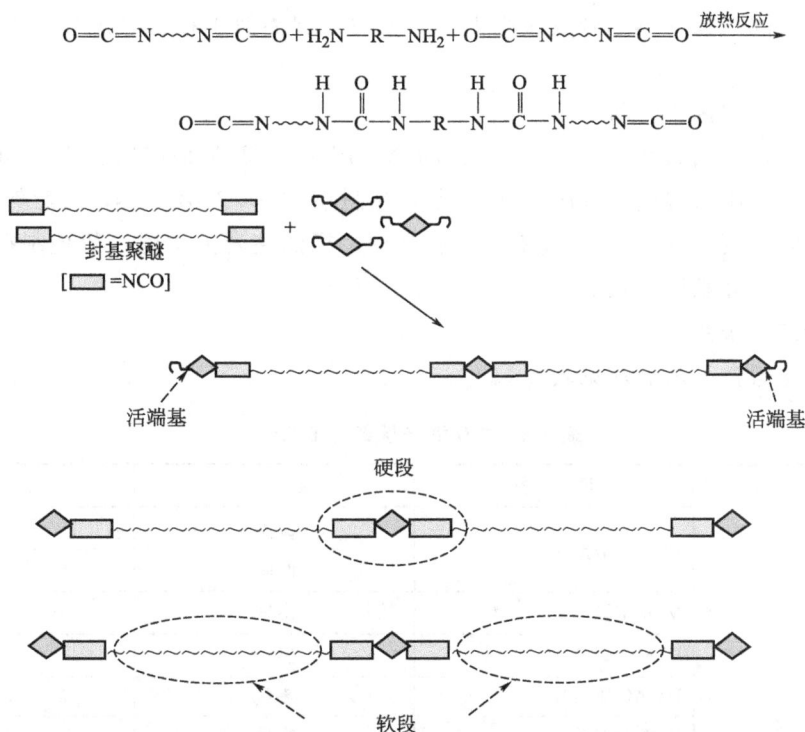

封基聚醚
[□=NCO]

活端基　　　　　　　　　　　　　　　　　　　　　活端基

硬段

软段

3. 链终止反应

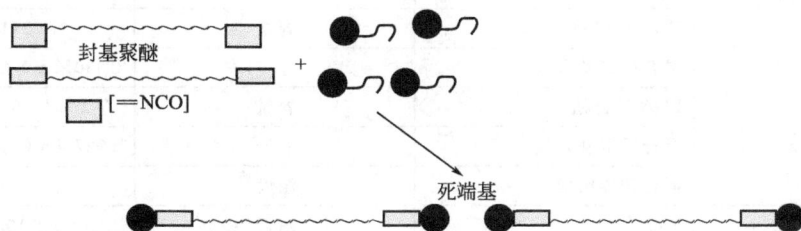

封基聚醚

□[=NCO]

死端基

二、扩链剂、终止剂、其他助剂

链增长剂通过连接预聚合物的"NCO"基团来增加链的长度，采用 EDA/PDA，链增长的终止剂采用 DEA，各种添加剂是依据聚合物的品种及最终用途不同决定的：IRGAN-OX-245 用作抗氧剂，LMA-100 用作助染剂，HN-150 用作黄变剂，DETA 用作黏度稳定剂，TiO_2 用作消光增白，MGST 用做解舒剂。

【任务实施】

一、预聚合的影响因素分析

预聚合的影响因素主要是温度和时间，温度越高，时间越长，NCO 含量越低，NCO 是 MDI 中的端基，反应越充分，NCO 含量就越低，一般控制在 2.4%～2.5%。

预聚体的合成温度选定稍微复杂一些，因为在 100℃ 以下时二元醇和二异氰酸酯主要生成氨基甲酸酯键，而不会大量出现支化和交联反应，超过这一温度则不然。为了使合成的预聚物稳定性较好，制备预聚体时的温度宜于选得低一些。但是温度选得过低，反而不利于预聚体的制备，因为反应体系的黏度受温度影响较大，低温时黏度较大，反应物分子活动受阻，使反应变得非常缓慢，综合考虑将预聚体的合成温度设定在80℃±5℃较为合适。

延长反应时间在预聚体的合成过程中所产生的影响类似于在这一过程中提高反应温度，预聚的时间一般在4～5h。

二、扩链的影响因素分析

扩链主要的影响因素为PDA、EDA、DEA。PDA、EDA是链增长剂，DEA是链终止剂。第二反应器的出口温度为80～90℃，黏度控制在230～250Pa·s，然后熟化40h左右，可以送纺，这时黏度在550Pa·s左右。熟化过程，桶的夹套内水温一般控制在37℃，伴随着搅拌，继续反应和黏度增长。

三、聚合工艺卡片

20D消光丝聚合工艺卡片见表4-4。

表4-4　20D消光丝聚合工艺卡片

岗　位	设　备	项　目	标　准
主原料准备	MDI水浴槽	温度	70℃
		时间	4h
	MDI储槽	温度	45℃
	PTMG储槽	温度	60℃
混合胺调配	DMAC流量计	流量	4150/批
	DEA计量槽	容量	33.23kg
	混合后氨基含量		0.990%±0.015%（质量分数）
	EDA计量槽	容量	214.62kg
	混合后氨基含量		2.330%±0.015%（质量分数）
	PDA计量槽	容量	65.8kg
	混合后氨基含量		7.027%±0.015%（质量分数）
	混合胺供给槽	温度	9℃
浆料助剂准备	TiO$_2$	质量	19.92kg
	MGST	质量	83.01kg
	DETA	质量	1.84kg
	IRG245	质量	239.06kg
	HN150	质量	99.61kg
	DMAC供给槽	容量	743.98kg
	SUM供给槽	容量	284.59kg
	聚合物8%	重量	128kg
	浆料助剂混合槽	温度	50℃
	浆料助剂储槽A	温度	45℃
	浆料助剂储槽B	温度	45℃
	浆料助剂储槽C	温度	45℃
	浆料助剂储槽D	液位	60%
	研磨机	温度	<50℃
		压力	$2.5×10^5$Pa

续表

岗　　位	设　　备	项　　目	标　　准
预聚合过程	MDI 供给槽	温度	45℃
		液位	40%～60%
	PTMG 供给槽	温度	51℃
		液位	60%
	第一反应器进口	温度	47℃
	第六层	温度	90℃
	第一反应器出口	温度	89℃
	预聚物储槽	温度	60℃
	在线黏度计	黏度	70～120Pa·s
	预聚物供给槽	温度	47℃
	预聚物供给槽	液位	60%
聚合过程	DMAC 供给槽	温度	10℃
		液位	60%
	溶解泵出口	温度	38℃
		压力	2.0×10^5Pa
	第二反应器	温度	88℃
		压力	1.2×10^5Pa
	在线黏度计	黏度	280Pa·s
	缓冲槽	液位	50%
聚合物向纺丝的移送过程	冷凝器进口	温度	75℃
	冷凝器出口	温度	55～60℃
	聚合物储槽 A	液位	70%
	聚合物储槽 B	液位	70%
	聚合物储槽 C	液位	70%
	聚合物储槽 D	液位	70%
	聚合物储槽 E	液位	70%
	聚合物储槽 F	液位	75%
	聚合物供给槽	温度	45%
		液位	70%

【任务评价】

序号	学习目标	评价内容	评价结果				
			优	良	中	及格	不及格
1	掌握氨纶聚合的反应机理	反应机理					
		主要单体					
		扩链剂、终止剂					

续表

序号	学习目标	评价内容	评价结果				
			优	良	中	及格	不及格
2	了解影响聚合反应的因素	温度对聚合反应的影响					
		时间对聚合反应的影响					
		扩链剂用量对聚合反应的影响					

【知识拓展】

华峰氨纶公司

华峰氨纶公司是我国氨纶行业的龙头企业，至 2010 年前后该公司拥有 48 条氨纶生产线，产能达到了 4.2 万吨，国内第一，世界第三，规模优势明显。氨纶作为公司的主营业务，占公司营业收入近 100%；产品规格从 15～840D 不等，可满足各种客户的差异化需求。目前公司产品结构为：40D 氨纶约占产量 50%，20D 氨纶约占总产量的 20%。40D 经编占总产量的 10%～15%。其中 40D 经编价格比普通 40D 高 3000～4000 元/t，细旦丝（40D 以下）比中旦丝（40～70D）价格高 3 万元左右。公司经编、细旦丝占比不断提高，从而提高公司的综合毛利率。

随着我国纺织品生产和出口的快速发展，我国已成为全球最大的氨纶产销中心，行业发展前景广阔。目前公司建有聚氨酯弹性纤维省级研发中心，并与国内外大专院校科研机构合作，卓有成效地开展技术研发，在氨纶工艺配方、反应机理、过程控制、差别化产品开发等方面形成了自有核心技术，自主开发了氨纶高速纺丝、新型连续聚合、高透明度有光氨纶等生产工艺和技术。公司是氨纶行业标准的主要起草单位之一，参与起草的行业标准《氨纶长丝》已获批准，并于 2007 年 1 月 1 日开始执行。

任务三　聚合岗位操作

【任务介绍】

氨纶聚合是一个连续过程，以聚醚二醇（PTMG）和 4,4′二苯基甲烷二异氰酸酯（MDI）为主原料，按一定摩尔比混合后送入第一反应器，进行预聚合反应，反应结束后加入溶剂二甲基乙酰胺（DMAC），然后将预聚物移送到第二聚合反应器中，与链增长剂进行扩链反应，当黏度达到要求后，加入末端终止剂，封锁活性聚合末端，使聚合物反应停止。补加矫正的 DMAC，使聚合物溶液的浓度达到规定的指标。至此，聚合物溶液配制完成。用泵把聚合物原液移送至混合槽，加入各种添加剂，经一定时间停存，再用泵将其泵入纺丝贮槽。

【相关知识】

一、聚合岗工艺流程图

聚合工艺流程如图 4-4 所示。

流程说明如下。

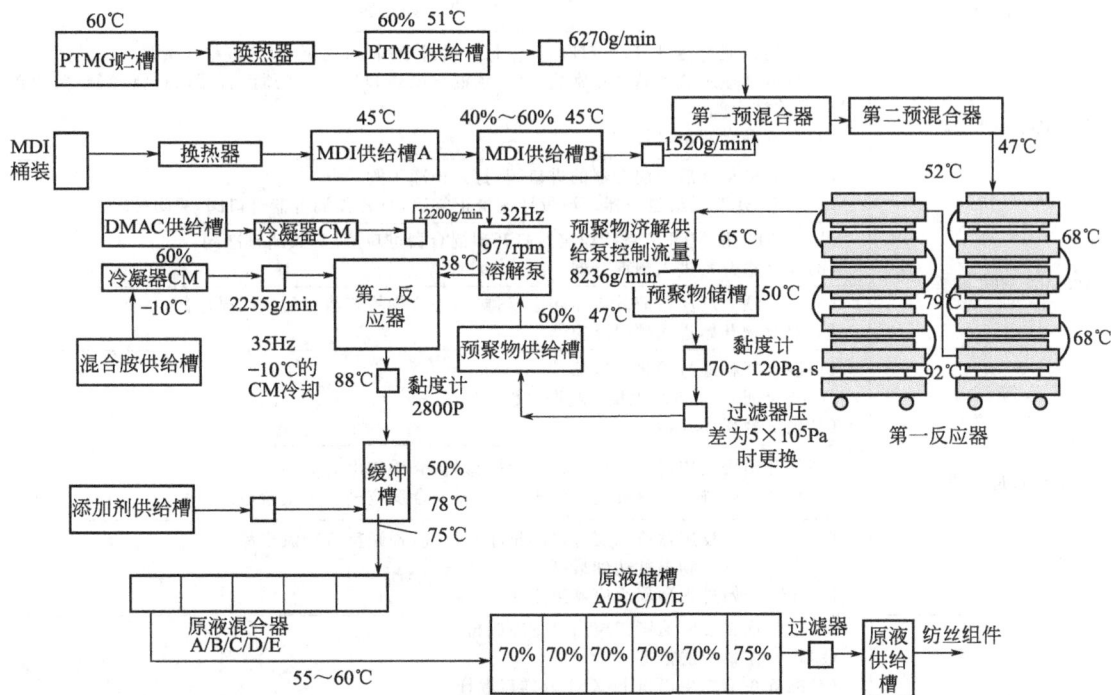

图 4-4　聚合工艺流程图

二、原料物性

1. 聚醚二醇（PTMG）

结构简式为 $HO\!-\!(\!CH_2CH_2CH_2CH_2\!-\!O\!)_{\overline{x}}H$ ，平均相对分子质量为 1800，白色蜡状固体（或无色透明液体），相对密度为 0.97，熔点为 27℃，沸点为 240℃，几乎无味，闪点为 163℃（开杯），微弱溶于水。

2. 2,4,4′-二苯基甲烷二异氰酸酯(MDI)

结构简式为 $C_{15}H_{10}N_2O_2$，相对分子质量为 250.27，亮黄色固态，相对密度为 1.2，熔点为 40℃，沸点为 190℃，无味有毒。可溶性于丙酮、苯、硝基苯，微溶于水。

3. 二甲基乙酰胺（DMAC）

结构简式为 $CH_3CON(CH_3)_2$，相对分子质量为 87.12，无色液态，相对密度为 0.94，沸点为 166℃，溶于水、乙醇、苯等有机溶剂，闪点为 70℃（开杯），爆炸极限为 1.8%～11.5%，对皮肤、眼睛有刺激作用。

4. 1,2-乙二胺（EDA）

结构简式为 $H_2NCH_2CH_2NH_2$，相对分子质量为 60.10，无色透明、氨气味黏稠液体，沸点为 117℃，相对密度为 0.8995，可溶于水，易燃，对黏膜和皮肤有强烈刺激性。

【任务实施】

一、岗位操作

聚合开车步骤见表 4-5。

表 4-5 聚合开车步骤

工作项目	工作内容
PTMG、MDI 进料	(1)关闭预混合器进口、出口阀,开流量计后排净阀,启动泵 PTG 进给计量泵 (2)流量计显示流量基本正常后,打开预混合器进口阀,打开预混合器出口排净阀,关闭预混合器前排净阀 (3)在预混合器出口排放 (1)打开流量计后预混合器的进口阀,打开排净手阀 (2)启动 MDI 进给过滤器。流量计流量正常后,打开预混合器进口阀,关闭排净阀
PTMG、MDI 混合	(1)PTMG 和 MDI 流量均稳定后打开预混合器进口阀门,关闭排净阀 (2)混合物开始进入预混合器 (1)打开预聚反应器前的排净阀进行排气,混合物均匀流出后关闭排净阀 (2)混合物开始进入预聚反应器
预聚合反应阶段	(1)混合物料通过预聚反应器 (2)要保证 45℃热水流量、温度正常 (3)预聚合反应开始 (1)打开预聚反应器第二层进口排净阀排气,介质流出后关闭 (2)物料开始进入预聚反应器的第二层,预聚合反应进入关键阶段 (1)打开预聚反应器第三层进口的排净阀排气,预聚反应物流出后关闭 (2)在此段反应物温度达到最高 (3)物料开始进入预聚反应器第三层
预聚物保温阶段	(1)打开预聚反应器第三层出口排净阀排气 (2)物料在第三层推进 (3)准备在第二层出口 NCO-1 取样口取样 (1)物料进入第三层,10min 后从 NCO-1 取样口取样 (2)化验室测 NCO 值合格并记录合格时间 (3)128min 时物料开始进入预聚反应器第三层 (1)关闭预聚合冷却器的进口阀门 (2)156min 时预聚物保温结束 (3)检查预聚合冷却器的 HW30 循环流量、压力正常 (4)放流完 NCO-1,测试合格前的所有预聚物
预聚物冷却	放流完后打开预聚合冷却器的进口阀门,关闭放流阀,物料开始进入预聚合冷却器 (1)从预聚反应器第三层出口 NCO-2,取样口取样 (2)尽可能多地测 NCO 含量,直到合格。以后按规定的取样频度取样 (1)从预聚物储罐入口前放流阀放流完 NCO-2,测定合格前的预聚物 (2)打开预聚物储罐进口阀,关闭放流阀,向预聚物储罐进料 (3)检查预聚物储罐底阀是否关闭,N_2 出口打开
预聚合进行中,储存预聚物	预聚物储罐到高液位报警前,检查预聚物进给槽、预聚物过滤器、预聚物冷却器的阀门状况,循环热水温度、压力正常 (1)打开预聚物储罐底阀、预聚物移送泵后的排净阀,手动转动预聚物移送泵的尾部扇叶,待有预聚物流出时关闭排净阀(以下齿轮泵泵体排气均按此操作) (2)预聚物储罐有 30%液位时启动预聚物移送泵,向预聚物进给槽进料。先在过滤器前排放一部分 (3)打开过滤器排气阀,关闭出口阀,进行过滤器排气 (4)启动并调校预聚物黏度计泵 (1)从预聚物储罐的 NCO-3 取样口取样测定 NCO 含量,与 NCO-2 的值对比 (2)溶解 DMAC 系统、混合胺系统检查准备工作开始 (3)关闭添加剂添加混合槽进料阀,打开聚合物废料罐的进料阀 (4)启动溶剂 DMAC 进给计量泵,使预聚物溶解混合器、扩链反应釜及其管道充满溶剂 DMAC,准备启动预聚物溶解混合器、扩链反应釜 (5)用精度 5g 以内的电子秤标定预聚物进给计量泵的输出频率

工 作 项 目	工 作 内 容
启动聚合反应	(1)依次启动预聚物溶解混合器、扩链反应釜低速运行,打开冷媒进出口阀(包括腔体和密封罐冷却),保证温度、压力正常 (2)打开扩链反应釜进口前的排净口阀门 (3)启动溶剂 DMAC 进给计量泵
	扩链反应釜进口放流 2min
	(1)关闭扩链反应釜进口放流阀 (2)提高预聚物溶解混合器的转速到设定值,启动预聚物进给计量泵供给 PP (3)由扩链反应釜进口排净口取样测溶解预聚物 NCO-4 达到标准值范围 (4)由玻璃视管观察溶解效果
	(1)15min 时启动混合胺计量泵开始混合胺进料,扩链反应釜达到额定转速,扩链反应开始 (2)启动扩链反应釜黏度计泵,调校黏度计
	(1)扩链反应釜黏度计泵显示稳定后,取样实测。合格后打开添加剂添加混合槽进口阀门,关闭聚合物废料罐进口阀门 (2)启动添加剂添加混合槽搅拌
加入添加剂	(1)关闭添加剂添加混合槽的 ADD 添加阀门,打开流量计后的排净阀进行排气 (2)启动添加剂进给计量泵 (3)待流量计显示流量稳定后关闭排净阀,打开添加阀
	(1)打开聚合物移送泵后的取样口 (2)待有原液流出时关闭取样口,启动聚合物移送泵,添加剂添加混合槽开始出料
	聚合液输送到聚合物再反应槽 A
	(1)标定添加剂 LMA-100 移送泵输出量,第一次可以手动添加到添加剂混合槽 (2)关闭添加剂 LMA-100 移送泵
	继续添加剂的第二次分散
移送聚合物	(1)聚合物再反应槽 A 的底阀打开,聚合物再反应槽 A 移送泵后的取样口打开排气 (2)聚合物再反应槽 A 移送泵,向聚合物再反应槽 B 进料
	(1)聚合物再反应槽 B 的底阀打开,聚合物再反应槽 B 移送泵后的取样口打开排气 (2)启动聚合物再反应槽 B 移送泵,向聚合物再反应槽 C 进料
	(1)聚合物再反应槽 C 的底阀打开,聚合物再反应槽 C 移送泵后的取样口打开排气 (2)启动聚合物再反应槽 C 移送泵,向聚合物再反应槽 D 进料
	(1)聚合物再反应槽 D 的底阀打开,聚合物再反应槽 D 移送泵后的取样口打开排气 (2)启动聚合物再反应槽 D 移送泵,向聚合物再反应槽 E 进料
	(1)启动添加剂进给计量泵,向添加剂添加混合槽添加 ADD (2)关闭聚合物再反应槽 A 移送泵,聚合物再反应槽 A 开始接受添加有添加剂的聚合物
	聚合物再反应槽 B 移送泵关闭
	聚合物再反应槽 C 移送泵关闭
	(1)聚合物再反应槽 D 移送泵关闭 (2)此前未加添加剂的聚合物这时应全部集中放置在聚合物再反应槽 E 中 (3)启动聚合物再反应槽 E 的搅拌 (4)开三级喷射泵,调整三级喷射泵压力到正常值
移送合格聚合物	(1)聚合物再反应槽 A 进料满液位,启动聚合物再反应槽 A 搅拌 (2)启动聚合物再反应槽 A 移送泵向聚合物再反应槽 B 进料
	(1)聚合物再反应槽 B 进料满液位,启动聚合物再反应槽 B 搅拌 (2)启动聚合物再反应槽 B 移送泵向聚合物再反应槽 C 进料
	(1)聚合物再反应槽 C 进料满液位,启动聚合物再反应槽 C 搅拌 (2)启动聚合物再反应槽 C 移送泵向聚合物再反应槽 D 进料
	(1)聚合物再反应槽 D 进料满液位,启动聚合物再反应槽 D 搅拌 (2)检查脱泡桶 A、B、C、D

续表

工作项目	工 作 内 容
放流不合格聚合物	(1)同时启动过滤器泵A、B、C、D,分别向脱泡桶A、B、C、D进料。对于不合格聚合物,注意过滤器排气 (2)也可以只在一条线放流
	(1)打开脱泡桶底阀,用手盘动电机风扇排气(注意方向) (2)视脱泡桶的液位启动聚合物移送泵A、B、C、D
	(1)聚合物再反应槽E中的聚合物已移送完毕,关闭过滤器泵A、B、C、D (2)启动聚合物再反应槽D移送泵,向聚合物再反应槽E进料 (3)聚合物再反应槽E进料20%以上液位。启动搅拌聚合物再反应槽E搅拌 (4)脱泡桶A、B、C、D低液位时,关闭聚合物移送泵A、B、C、D
	(1)打开纺丝槽的底阀,打开纺丝槽泵后的取样阀排气 (2)启动纺丝槽泵A、B、C、D,分别向纺丝放流。可以试纺 (3)纺丝槽A、B、C、D出料完毕,关闭纺丝槽泵A、B、C、D
纺丝进料	(1)打开脱泡器的抽真空阀门,使脱泡桶真空度正常 (2)启动过滤器泵A、B、C、D,向脱泡器进料 (3)视液位启动聚合物移送泵A、B、C、D,向纺丝槽A、B、C、D进料
	纺丝槽A、B、C、D液位已满,启动纺丝槽搅拌,就可以启动 纺丝槽泵A、B、C、D向纺丝供给合格原液

二、预聚合

预聚合反应是连续的,包括PTMG/MDI混合器和预聚物管道反应器。通过流量计准确计量的PTMG和MDI被同时连续供给PTMG/MDI混合器。DCS系统设定了以PTMG流量为基准的比例条调节程序,即当PTMG的流量超出了设定偏差值时,DCS将自动调节其他流量计的流量,以达到配比稳定。温度保持在40~45℃,混合物通过有夹套的管道反应器,并将反应物料带到反应温度。在此温度下,预聚合反应基本完成。

一切准备工作完成后,DCS按下聚合开始按钮(首次开车时,最好用手动方法完成每一步,这样有利于操作人员对生产过程的学习。)

先开PTG泵,从流量计后的排净阀排出PTC,再开MDI泵,从流量计后排净阀排出MDI。流量基本稳定后,关闭排净阀,打开预混合器的进料阀,同时进料。物料在管线内缓慢推进。要分段进行排气。这时要保证HW90、HW45的温度和压力。在第一反应车和第二反应车出口设有取样口测定NCO的含量(这是最重要的控制指标,是聚合反应成功的关键)。排气时要观察流出的预聚物是否浑浊或产生了大量气泡。如果是这样,就要马上分析原因,是原料或设备问题,就应立即停止聚合,采取对策。

测定不合格的预聚物应从预聚物储罐入口前放流。预聚物储罐进料30.0%以上时,就可以打开底阀和泵体出口的排净阀进行排气,这时可以手动旋转电机的冷却风扇来帮助排气,泵腔内充满流体时才可以启动泵。检查预聚物进给槽、预聚物冷却器、预聚物过滤器的HW30的温度和循环压力正常,N_2密封正常。过滤器也要排气,以使壳体内充满物料,并排出先前的一部分物料废弃。

警告:严禁齿轮泵未经手动排气,直接启动!

预聚物移送泵启动后就要进行预聚物黏度计泵的调校,就是用标准黏度计对其进行对比标定。这时,预聚物进给槽已经在储存预聚物。

三、扩链聚合

预聚物进给槽存满预聚物需要一些时间,这时就可以做扩链聚合反应的准备工作。首先，要将预聚物溶解混合器和扩链反应釜的腔体内排气，充满 DMAC。启动溶解 DMAC 进给计量泵，待流量计显示稳定后，关闭溶解 DMAC 进给计量泵和排净阀。

预聚物进给泵是计量泵，可以向溶解泵稳定准确地定量输出预聚物。混合胺准备就绪，打开聚合物废料罐的进口阀，准备开始聚合。低速启动预聚物溶解混合器、扩链反应釜，打开其 CW 进出阀，观察流量和温度正常。注意，溶解 DMAC 冷却器的 CM 进出阀也要打开，使其能自动调节温度。关闭扩链反应釜前的进口阀，打开排净阀，启动预聚物进给计量泵，溶解 DMAC。在扩链反应釜前排净阀排出不合格的物料 2min，使预聚物溶解混合器的转速提高到设定值，并取样测定 NCO 含量，启动混合胺计量，加入混合胺。混合胺冷却器的 CM 进出阀要打开，调节混合胺温度到 2℃。提高扩链反应釜的转速到设定转速。

警告：预聚物溶解混合器、扩链反应釜运转前必须检查机械密封的状态正常，液位正常！

扩链反应釜出料后就可以调校扩链反应釜黏度计泵。启动预聚物黏度计泵进行调校。

黏度合格稳定后，就可以打开添加剂添加混合槽进口阀，关闭聚合物废料罐进口阀，向添加剂添加混合槽进料。首次开车没有聚合物用于添加剂调配，所以这时添加剂还未调配好，不能向添加剂添加混合槽添加剂，这时的聚合物是不能正常纺丝的，准备用于组件放流（以后的日常停开车不存在此问题）。

添加剂添加混合槽受料时，可以检查聚合物再反应槽和 M3250，待添加剂添加混合槽的液位将满时，使聚合物移送泵泵体排气。添加剂添加混合槽液位满时，启动添加剂添加混合槽搅拌，启动聚合物移送泵向聚合物再反应槽 A 进料。打开 M3250 的 HW30 进出阀门，保证其流量和温度。30min 后添加剂调配聚合物计量泵排气，完后就可以启动，先进行标定并向添加剂混合罐添加聚合物，这由添加剂调配聚合物计量泵的转数控制（在此之前应确认首次添加剂调配已进行了第一次研磨和第二次投料，等待添加聚合物）。依次启动聚合物再反应槽移送泵 A、B、C、D、E，然后将添加剂加入之前的聚合物全部集中到的聚合物再反应槽 F 中。最后输送到纺丝槽 A、B、C、D 准备放流。空的纺丝槽 A、B、C、D 准备接受合格的聚合物。

添加剂调配完成后，由添加剂进给计量泵通过流量计加入添加剂到添加剂添加混合槽中。这以后的原液就可以逐个输送到聚合物再反应槽 A、B、C、D、E，并在满后分别打开搅拌。纺丝槽液位到搅拌桨叶以上时，才可以启动搅拌器。

原液黏度较大，观察过滤器的压力，防止压力超高。注意保证脱泡桶和纺丝槽及管道的 HW37 循环、温度和压力正常。

警告：纺丝原液管压力正常运行时严禁在加压泵后取样操作！

【任务评价】

序号	学习目标	评价内容	评 价 结 果				
			优	良	中	及格	不及格
1	识读聚合岗位流程图	预聚合					
		扩链反应					
		原液准备					
		原料与助剂配制					

续表

序号	学习目标	评价内容	评价结果				
			优	良	中	及格	不及格
2	聚合岗位操作	PTMG、MDI 进料					
		PTMG、MDI 混合					
		预聚合反应阶段					
		预聚物保温阶段					
		预聚物冷却					
		启动聚合反应					
		加入添加剂					
		移送聚合物					
		移送合格聚合物					
		纺丝进料					

【知识拓展】

差别化氨纶纤维的特性

（1）具有与橡胶丝相似的断裂伸长率（400%～800%）和回弹性（95%～99%），一般锦纶弹力丝难以比拟。

（2）断裂强度比橡胶丝高 4 倍，湿态为 0.5～1.0cN/dtex，干态为 0.6～1.3cN/dtex，当纤维达到最大伸长时，其有效强度可达 5cN/dtex。

（3）伸长时的应力是橡胶丝的 2 倍以上，氨纶长丝在 100% 和 300% 拉伸时的应力分别为 0.04～0.07cN/dtex 和 0.18～0.35cN/dtex，所以，在获得相同应力及伸长时，氨纶比橡胶丝细，可以织成更薄、更透明的织物。

（4）弹性模量是物体在外力作用下抵抗形变能力的量度。纤维的弹性模量为纤维受拉伸其伸长为原来的 1% 时所需的应力，其单位为 cN/dtex。弹性模量越大，纤维越不容易变形，强度高但柔软性差；氨纶的弹性模量较小，丝的柔软性较好，如杜邦公司的莱克拉（聚醚型）弹性模量仅为 0.11cN/dtex。

（5）高温、易染性：在温度高于 140℃、压力大于 0.2MPa 染色时纤维不变形，处理后强度保持率大于 85%；纤维染色均匀，上染率大于 85%，颜色鲜艳，染色度（日晒牢度）＞3 级。如日清纺公司的莫比伦与涤纶共同染色温度达 130～150℃，染色时，经 50～60min，处理后布面平整饱满，强度保持率符合后加工要求。

（6）耐氯性能，在 30×10^{-6} 含氯水中处理氨纶，耐氯氨纶强度保持率可达 90% 以上，常规产品仅为 45%。

任务四　氨纶纺丝卷绕岗位操作

【任务介绍】

氨纶纺丝岗位主要包括原液增压过滤、纺丝、空气假捻上油卷绕等工序，此外还包括辅助纺丝热媒 SM 的循环和 DMAC 的回收循环系统、甬道加热系统。本岗位主要生产任务是通过纺丝机将原液加工制成氨纶裸丝。

【相关知识】

一、工艺流程简图

氨纶纺丝工艺流程框图如图 4-5 所示。

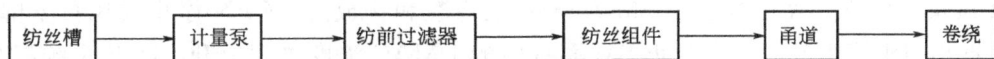

纺丝槽 → 计量泵 → 纺前过滤器 → 纺丝组件 → 甬道 → 卷绕

图 4-5　氨纶纺丝工艺流程框图

经过脱泡后的原液，经泵送往纺丝槽中。纺丝槽内部用 3kPa 的氮气对原液进行保护和稳压，其内部的原液液位一般被控制在 76％，使脱泡后的纺丝原液能够连续供应，保证生产的顺利进行。

在以上的纺丝槽和脱泡器中都具有夹套结构，内部通有 30℃ 左右的水，对原液进行保温。

从纺丝槽流出后的原液被增压泵送往计量泵，使计量泵入口保持稳定的入口压力，计量泵以一定转速按定量输送原液，在再次经过一个过滤器之后，到达纺丝组件。

纺丝组件主要有以下几个部分组成：底座、喷丝头、过滤网、分配板、聚丙烯垫、分配体、空管、底座短水管。短水管可以向底座内部输入 45℃ 热水，起保温作用。根据生产的丝的旦数不同，会按要求更换具有不同喷丝孔数目的喷丝头，而且在使用了一定时间后，纺丝组件及其过滤器要及时更换，送到组建车间清洗。

原液在经过组件后已被纺织成纤维状细流，在一楼卷绕器的牵引下经过甬道。甬道包括一个入风口和两个出风口，主要用来输送热风，使原液中的溶剂挥发，原液固化成纤，挥发的溶剂将在回风的作用下被回收。其中甬道中的风量主要根据所要生产的纤维的旦数进行调整，丝的旦数越大，其风量就越大。

经过甬道后，丝便到达了一楼卷绕器。纤维首先通过加捻器，加捻器通过高压气体对纤维进行加捻，这样能够提高纤维的强度和弹性。加捻后的纤维通过两个导丝辊和油辊分别进行牵伸和上油，以提高纤维的强度和均匀性，以及避免纤维粘连，并且提高了纤维的亮度，最后丝卷绕在具有一定转速的纸管上。

二、纺丝甬道

从喷丝板吐出的原液，通过热风而使原液内溶剂蒸发，固体物形成丝。纺丝甬道包括上进风区、上回风区和甬道下部回风区。热风从甬道的侧面与原液细流方向垂直流动，蒸发出的溶剂（DMAC）约 70％ 被吸引到上部回风中，其余的 30％ 和丝条一起平行地向甬道下部流动，被吸入下部的回风口中。纺丝甬道的进风温度、进风风量、上回风风量是关键的设定工艺值。

三、纺丝甬道的伴热

甬道采用油伴热。油路分上甬道伴热和中甬道伴热两个系统，分别由导热油泵输送和循环。

P5520 泵供上甬道伴热导热油系统，导热油温度通常 250℃ 左右；P5530 泵供中甬道伴热导热油系统，导热油温度通常 215℃ 左右。

四、SM 循环系统和 DMAC 的回收

SM 循环工序：SM-FN 风机→SM-CO3→SM-CO4→SM-CO5→SM-HEX（换热器）→SM-HE-1（第一加热器）→SM-HE-2（小加热器）→纺丝甬道→SM-HEX（换热器）→SM-CO1→SM-CO2→SM-CO3→SM-FN。

从 SM-FN 到纺丝甬道，再从纺丝甬道到 SM-FN 全部由风道连接。

为防止 DAMC 气体流入卷绕间，在纺丝甬道下部设置抽风装置，从卷绕间抽吸约占供给 SM 风量 3% 的空气，然后经 SM-ABS 系统冷凝和排放。SM-FN 停止或风量下降时或 SM-CO5 出口温度上升时，为防止 SM 系统中的 DMAC 浓度过度上升，DCS 系统将报警，超过上限，将自动停止纺丝计量泵。

1. SM-HEX（热交换器）

从纺丝甬道返回的约 200℃ 的含 DAMC 的纺丝热风，和从 SM-CO5 出来的冷的 SM 经过 SM-HEX 进行交换。从纺丝甬道返回的热风经 SM-HEX 下部通过，约 200℃ 的热风温度降至约 100℃，从 SM-CO5 出来的 10℃ 空气经过 SM-HEX 温度上升至约 95℃。

2. SM-CO1、SM-CO2（溶剂回收第一、二冷却器）

从 SP-CH 回来经 SM-HEX 后温度约为 100℃，再经 SM-CO1、SM-CO2 用 RW（循环冷却水）冷却到约 50℃，在这里 DMAC 的凝缩量很少。

3. SM-CO3（溶剂回收第三冷却器）

热空气经 SM-CO2 之后到 SM-CO3，用 7℃ 冷冻水冷凝，之后温度约为 30℃。

4. SM-FN（SM 系统回收风机）

SM-FN 是溶剂回收的动力，甬道进风侧的风量、风压以回风侧的负压均是由 SM-FN 所产生的。在 SM-CO3 至 SM-FN 之间是负压，经过 SM-FN 的做功，使 SM 的温度提高 3～5℃，约为 35℃。

5. SM-CO3（溶剂回收冷却器-3）、SM-CO4（溶剂回收冷却器-4）

从 SM-FN 送来的 SM 风再经 SM-CO4、SM-CO5（均用冷媒冷却）继续冷却，SM-CO5 的冷媒流量通过调节阀控制，使经过 SM-CO4 后的温度控制在 10℃ 左右。通过这个过程，SM 在循环中将所含的 DAMC 冷凝分离出来。

凝缩后的 DMAC 从设在 SM-CO 下部的 DAMC 出口回收到粗 DMAC 回收槽内，另外，在 SM 中还含有微量的（一些挥发性的）添加剂，长期运行，这些微量的添加剂会堵塞 SM 系统的 SM-CO 冷凝器，所以，SM 系统设置了喷淋清洗系统。约以 240min 为周期，自动启动喷淋装置，对 SM-CO 冷凝器进行清洗，时间约 10s。

【任务实施】

一、纺丝工序的开车

1. SM 热风循环系统的开启（首次开启）及纺丝甬道的升温

纺丝放流前，必须保证 SM 热风循环系统正常，同时，每个纺丝甬道风量、温度调整正常。

① 确保冷却水、7℃ 冷冻水通入 SM 前级冷凝器。

② SM 循环系统主管道及返回管道调节阀开度调到 50%～70%。

③ 纺丝甬道进回风阀门开度调到 50%。

④ 启动 SM 风机。

⑤ 调节调节阀开度，给出初步的纺丝甬道入口风量（非最终工艺值）。

⑥ 开启 SM 第一加热器（导热油）。

⑦ 开启上中甬道热油伴热系统。

⑧ SM 系统升温。

⑨ 导热油系统升温必须分步进行，每次上升约 30℃，平衡 1h。

⑩ 如果升温缓慢，或导热油流量不稳，进行导热油系统的排气操作。

⑪ SM 系统出口温度提高后，开启 SM 系统的−20℃冷媒，通入 SM 的后级冷凝器，不得过早开启，以防冷凝、结冰。

⑫ DCS 必须手动或自动每隔一定时间进行 SM 系统的喷淋。

⑬ 开启纺丝第二加热器。

⑭ 最终，将 SM 系统的风量、风温调到工艺要求的数值。

切忌，SM 系统冷凝器中，冷却水、冷冻水、冷媒的进出口管道阀门，在任何情况下，都不能同时全部关闭，以免形成密封腔，在温度变化时，会造成表冷器的损坏。

2. SP-TK 纺丝槽原液输送到计量泵

该输送过程，必须确保相关人员的紧密配合，包括 DCS 操作人员、纺丝现场人员等。主要是确保计量泵开启及关闭时，纺丝槽 SP-TK 后的加压泵压力的基本稳定，尤其是不能造成该泵压力的急剧升高，产生事故——损坏泵、仪表、阀门，也可能破坏熔体的管道的密闭性。该压力值通常在 2.94MPa 左右。

具体操作过程如下。

① 首先打开每条纺丝线末端总原液管上的阀门，准备好接液桶。

② 然后，开启纺丝槽下的加压泵。

③ 开始原液末端放流，至原液干净、无气泡。

二、假捻卷绕

1. 空气假捻

从纺丝甬道出来的丝条，用压缩空气喷射的方式假捻，使其抱合。采用开口式假捻器。

假捻的管理是根据丝的气圈长度进行的，丝的气圈长度，由压缩空气流量来调整，气圈长度根据氨纶丝的实际情况最终决定，一般来说，气圈长度控制为 10～14mm。20D 为单根，因此，无需假捻器。

2. 导丝上油

假捻后的丝条，仍然在回转，为了减少丝条摆动，固定其行走位置，在 GR1 的前后设置了两道"U"形导丝器。导丝器的位置必须使其中心和 AJ 假捻器中心轴重合，对丝的限制过强时，丝条会受到损伤，所以导丝器对丝的限制要尽可能少一些，以减少对丝的损伤。

在 GR1 和 GR2 之间设置了上油辊，给丝条上油。

上油辊是通过上油辊的转数进行调整的，判断上油量是否合乎标准，可断定最后的成品丝上油率，要保证全部筒子上油率的均匀。

3. 卷绕

20D 消光丝纺丝卷绕工艺卡片见表 4-6。

表 4-6　20D 消光丝纺丝卷绕工艺卡片

一般	纺速/(m/min)	900
	喷丝板规格	孔径 0.4mm；孔长 1.2mm，1 孔
甬道/%	进风温度	249.5
	上部回风/℃	241
	下部回风/℃	198
风量/Pa	入口	800
	出口	770
纺丝槽加压泵	D/H	30
卷绕	GR1 速度/(m/min)	730
	GR2 速度/(m/min)	990
	GR3 速度/(m/min)	990
	摩擦辊速度/(m/min)	900
	起始卷绕角/(°)	10.3
	纸管外径/mm	85.5
	丝饼最大外径/mm	220

【任务评价】

序号	学习目标	评价内容	评价结果				
			优	良	中	及格	不及格
1	掌握纺丝卷绕的工艺流程	原液输送、增压、计量					
		原液凝固					
		SM 循环 DMAC 回收					
		假捻上油卷绕					
2	掌握纺丝各部分的工艺条件	原液温度控制					
		甬道伴热温度					
		入口风量风压					
		出口风量风压					

【知识拓展】

1. 氨纶的储存及使用标准

氨纶要保存在温湿均衡的环境内，温度 22℃左右，温度越低，储存期相对可较长，相对湿度为 60%～70%。不宜放于日光曝晒的地方，不宜与二氧化硫、氮氧化物等化工产品一起存放。

储存期限：低于 20D——3 个月；30D——4 个月；40～70D——6 个月；100～280D——9 个月。粗于 420D——12 个月。氨纶丝越粗，储存期越长。

氨纶在用户处使用时，至少要提前 24h 将纸箱打开，放在织造车间回潮，平衡，以减少织布时的断头现象。

2. 氨纶各种用途列表

各种规格氨纶产品用途见表 4-7。

表 4-7　各种规格氨纶产品用途

纤度	纱线形式	配合纤维	织物类型	最终用途
20/30/40/70/140D	裸丝	涤、锦、棉、黏等	纬编针织物（圆机）	内衣、外衣
70/100/140D	裸丝	锦、涤	纬编针织物、袜类	袜口、罗口
40/70D	裸丝	锦、涤等	经编针织平布、网眼布	游泳衣、紧身衣、外衣
140D	裸丝	锦、涤	经编针织物	绷带、花边
140/210/280D	裸丝	锦、涤	经编针织物	女式胸衣、衣领、袖口
420/560/840/1120D	裸丝	锦、涤、丙等	经编针织物、直接热熔胶黏合	女士胸罩、连裤袜带、卫生材料
40/70/140D	包芯纱	棉、毛、黏、涤等	机织物（牛仔布、灯芯绒、卡其、府绸）	外衣、衬衣
40/70/140D	包芯纱	棉	阔幅布	胸罩
15/20/30/40D	机械包覆纱	锦、涤、棉等	针织袜类	长筒护腿袜、短袜
20/30/40D	机械包覆纱	锦、棉等	电脑无缝内衣圆机	无缝内衣
20/30/40D	机械包覆纱	锦	横机	羊毛衫
40D	包覆纱	涤	纬编针织物	内衣、衬衣
40/70/140D	空气包覆纱	涤	机织物（牛仔布、灯芯绒、卡其、府绸）	外衣、衬衣
140D	包覆纱	锦	针织袜类	连裤袜口
40/70D	空气包覆丝	锦纶	经编针织物	内衣、外衣

参 考 文 献

[1] 潘祖仁. 高分子化学. 北京：化学工业出版社，2001.

[2] 杨东洁. 纤维纺丝工艺与质量控制. 上册. 北京：中国纺织出版社，2008.

[3] 赵德仁. 纤维纺丝工艺与质量控制. 下册. 北京：中国纺织出版社，1995.

[4] 中国石油化工集团公司人事部，中国石油天然气集团公司人事服务中心. 聚酯装置操作工. 北京：中国石化出版社出版社，2007.

[5] 祁忠凯. 杜邦干法腈纶聚合反应的控制及研究. 天津：天津大学化工学院，2008.

[6] 邱九辉. 氨纶干法纺丝介质循环系统的设备和工艺介绍. 合成纤维工业，2003，26 (4)：52-54.